计算机组装维护项目化教程

主　编　王立伟　李春辉　孟祥丽
副主编　赵　锴　刘　伟　王海峰

北京邮电大学出版社
www.buptpress.com

内 容 简 介

　　本书从计算机组装维护的实际应用出发,按照"项目导向,任务驱动"的教学改革思路编写的教材,是一本基于工作过程导向的工学结合的高职教材。

　　本书包含 9 个项目:项目 1 选配计算机、项目 2 组装计算机、项目 3 设置 BIOS、项目 4 制作启动盘、项目 5 硬盘分区、项目 6 安装操作系统、项目 7 安装常用软件、项目 8 计算机安全防护、项目 9 计算机故障诊断。每个项目的后面都有相应的实训项目。

　　本书既可以作为高职高专计算机相关专业理论与实践一体化教材使用,也可以作为计算机管理和维护人员的自学用书。

图书在版编目(CIP)数据

　　计算机组装维护项目化教程 / 王立伟,李春辉,孟祥丽主编 . -- 北京:北京邮电大学出版社,2014.7
　　ISBN 978-7-5635-3996-3

　　Ⅰ. ①计… Ⅱ. ①王… ②李… ③孟… Ⅲ. ①电子计算机-组装-高等职业教育-教材②计算机维护-高等职业教育-教材 Ⅳ. ①TP30

　　中国版本图书馆 CIP 数据核字 (2014) 第 122479 号

书　　　　名:计算机组装维护项目化教程
著作责任者:王立伟　李春辉　孟祥丽　主编
责 任 编 辑:何芯逸
出 版 发 行:北京邮电大学出版社
社　　　　址:北京市海淀区西土城路 10 号 (邮编:100876)
发 行　　部:电话:010-62282185　传真:010-62283578
E-mail:publish@bupt.edu.cn
经　　　　销:各地新华书店
印　　　　刷:北京鑫丰华彩印有限公司
开　　　　本:787 mm×1 092 mm　1/16
印　　　　张:12.5
字　　　　数:324 千字
版　　　　次:2014 年 7 月第 1 版　2014 年 7 月第 1 次印刷

ISBN 978-7-5635-3996-3　　　　　　　　　　　　　　　　　　　定　价:26.00 元

前　言

　　目前,随着社会各个领域的信息化和网络化建设,国内各个领域的信息化部门及信息产业需要大量掌握计算机选配、硬件系统维护、软件系统维护的专业技术人员。本书在编写过程中,充分考虑了"计算机组装维护"课程的课程标准和编写要求,从计算机组装维护人员的工作实际出发,针对计算机软硬件维护的实际需求,注重内容的先进性和实用性,结合作者多年来从事计算机选购、维护、管理等方面的教学和实践经验,编辑、收录了大量先进的管理思想和实用技术。本书以培养高素质的应用型计算机维护人才为目标,从计算机组装与维护的实际应用和管理的需求出发,力争夯实专业知识基础的同时,加强应用技能培养,并注重综合素质的养成,使读者成为基础扎实、知识面广、实践能力强的实用型、工程化的IT职业人才。

　　本书在编写原则上,突出以职业能力为核心。本书编写贯穿"以职业标准为依据,以企业需求为导向,以职业能力为核心"的理念,依据国家职业标准,结合企业实际、反映岗位需求,突出新知识、新技术、新工艺、新方法,注重职业能力培养。凡是职业岗位工作中要求掌握的知识和技能,均做了详细讲解。

　　本书在使用功能上,注重服务于培训和技能鉴定,并根据职业发展的实际情况和培训需求,力求体现职业培训的规律,反映职业技能鉴定考核的基本要求,满足培训对象参加鉴定考试的需要。

　　本书在编写过程中着力突出以下特色。

　　(1)紧扣国家职业标准

　　国家职业标准源于生产一线、源于工作过程,具有以职业活动为导向、以职业能力为核心的特点。目前,我国正在积极推行职业院校"双证书"制度,要求职业院校毕业生在取得学历证书的同时应获得相应的职业资格证书。本书内容依据网络管理员所需具备的基本职业能力进行编写,突出职业特点和岗位特色。

　　(2)基于工作过程导向的工学结合教材

　　本书集项目教学、拓展实训与工程案例为一体,按照"项目目标—相关知识—任务实施—拓展实训"的层次进行组织。本书以完成中小型企业建网、管网的任务为目标进行内容的组织与取舍,实用性强。本书内容源于实际工作经验,实训内容强调工学结合。在专业技能培养中突出实战化要求,贴近市场,贴近技术。所有实训项目均源于作者的工作经验和教学经验。实训项目重在培养读者分析和解决实际问题的能力。

　　(3)紧跟行业技术发展

　　计算机网络技术发展很快,本书力求对当前主流技术和新技术进行讲解,吸收了具有丰富实践经验的企业人员参与教材的编写过程,与企业行业紧密联系,使所有内容紧跟行业技术的发展。

　　本书包含9个项目:项目1选配计算机、项目2组装计算机、项目3设置BIOS、项目4制作启动盘、项目5硬盘分区、项目6安装操作系统、项目7安装常用软件、项目8计算机安全防护、项目9计算机故障诊断。每个项目的后面都有相应的实训项目。通过学习可以使读者掌握相关知识,学会相关技术,具备基本职业能力,能够独立完成使用计算机的选购、组装、BIOS设置、启动盘制作与使用、磁盘分区管理、操作系统安装、应用软件安装、计算机安全管理、简单数据恢复、系统分区备份、计算机常见故障的诊断与修复等。

  本书适合于普通高等院校应用型本科、高职院校计算机相关专业作为"计算机组装维护"课程的教材,也可以作为计算机维护人员和爱好者的自学用书。

  本书作为教材使用时,建议按60学时进行组织。其中,项目1:6学时,项目2:4学时,项目3:6学时,项目4:6学时,项目5:6学时,项目6:10学时,项目7:6学时,项目8:10学时,项目9:6学时。

  学习建议:(1)动手实践,手脑并用。读者在学习本书内容时,应采取"做中学"、"学中做"的学习方法,在教师的指导下,多动手实践,多思考,多分析。(2)归纳总结,举一反三。在学习过程中要善于归纳和总结,使所学知识构成知识链,同时要善于总结实践操作过程中的操作要领和规律,做到融会贯通。

  本书由德州职业技术学院计算机组装与维护教学团队王立伟、李春辉、孟祥丽三位老师为主编,赵锴、刘伟、王海峰三位老师为副主编6人合作编写。由于作者水平有限,时间紧张,书中疏漏在所难免,望各位读者批评指正。本书在编写过程中参考了许多国内外文献,但由于篇幅有限,有一些未能列入,敬请谅解。在此对所引用参考文献的各位作者致以诚挚的谢意!

  如果读者有建议或要求,可与编者联系。编者E-mail地址:735581237@qq.com。

编 者

目　　录

项目 1 选配计算机

计算机是由一系列性能参数和接口相互匹配的标准配件、设备等进行连接和组装而成。熟悉计算机配件的性能参数、技术指标、型号、种类、购买途径及使用环境,对计算机的合理选配以及稳定使用和维护相当重要。

【知识目标】

(1) 理解计算机主要配件的参数和功能。

(2) 理解计算机不同配件之间的匹配接口。

(3) 理解计算机主要配件参数的关系。

【技能目标】

(1) 自主选配散装台式计算机。

(2) 自主选配品牌台式计算机。

(3) 自主选配笔记本式计算机。

1.1 任务 1 自主选配散装台式计算机

1.1.1 任务描述

朋友强峰是一名游戏和影视爱好者,委托你 DIY 一台性能优良、价格合理的台式计算机选配方案,要求使用 Intel 酷睿 i7 四核 CPU、技嘉集成声卡、网卡、PCI-E 3.0 16X 显卡插槽主板,威刚双通道 2×4 GB 内存,西部数据 2T SATAⅢ接口硬盘 2 块,影驰 PCI-E 3.0 16X 接口 256 位 4 GB 显存的独立显卡,明基 DVD 刻录机,三星 27 英寸宽屏 LCD 显示器,长城机箱、电源,罗技 USB 接口键盘、鼠标,漫步者音箱,线缆原装配套。

1.1.2 任务分析

首先要确定使用 Intel 酷睿 i7 四核 CPU 的具体型号,确定支持的内存类型和频率、支持的显卡控制器类型和频率、CPU 接口类型;其次要确定使用的技嘉主板具体型号,支持的 CPU 系列、接口类型、支持的内存类型和频率,并集成声卡、网卡、PCI-E 3.0 16X 插槽,不集成显卡,而后选择内存、硬盘、显卡、机箱、电源、显示器、键盘、鼠标、音箱、光驱等设备。

1.1.3 知识必备

1. CPU

1）CPU 发展概述

CPU 即中央处理器，是计算机系统的核心，它负责整个系统指令的执行、数学运算、逻辑运算以及输入/输出控制。市场上的 CPU 主要有品牌、性能、技术的差异。目前生产 CPU 的主要厂商有 Intel 和 AMD 两家，选择 CPU 依据用户的使用情况而定。CPU 按处理信息的字长分为：4 位、8 位、16 位、32 位、64 位，目前 64 位成为主流，且由 CPU 直接控制的设备越来越多，如本例选配的 Intel 酷睿 i7 4770K 处理器集成了内存控制器，有些 CPU 中同时集成显卡和内存控制器。CPU 大致发展过程如下。

- 1971 年，Intel 推出世界上第一款 4 位的微处理器 4004，这也是第一款可用于微型计算机的 4 位处理器，集成了 2300 个晶体管，如图 1-1 所示。
- 1974 年，Intel 推出 8 位的 8008 微处理器，如图 1-2 所示。
- 1978 年确立 x86 地位，创造商业奇迹的 16 位微处理器 8086，如图 1-3 所示。
- 1980 年后广泛用于 PC 机的 80286 微处理器，如图 1-4 所示。
- 1985 年，32 位的 80386 微处理器产生，如图 1-5 所示。
- 1989 年，32 位的首款采用精简指令集（RISC）80486 微处理器产生，如图 1-6 所示。
- 1993 年，第一款与数字命名无关的 CPU——32 位的 Pentium 产生，如图 1-7 所示。
- 1996 年，32 位的 Pentium MMX 产生，如图 1-8 所示。
- 1995 年，首款服务器专用微处理器 Pentium Pro 产生，如图 1-9 所示。

图 1-1　4004　　　　　图 1-2　8008　　　　　图 1-3　8086

图 1-4　80286　　　　　图 1-5　80386　　　　　图 1-6　80486

图 1-7　Pentium

图 1-8　Pentium MMX

图 1-9　Pentium Pro

- 1997 年,Pentium Ⅱ产生,如图 1-10 所示。
- 1998 年,服务器专用微处理器进入 Xeon(至强)时代,如图 1-11 所示。
- 1999 年,产生面向低端市场的 Celeron(赛扬)处理器,如图 1-12 所示;中端的 Pentium Ⅲ,如图 1-13 所示;面向服务器市场的 Pentium Ⅲ Xeon,如图 1-14 所示。
- 2000 年,产生面向低端市场的 Celeron4 处理器,如图 1-15 所示;面向中端的 Pentium 4 处理器,如图 1-16 所示;面向工作站的 Pentium 4 Xeon 的至强 CPU,如图 1-17 所示;面向专用服务器的 Intel Xeon MP 处理器,如图 1-18 所示。

图 1-10　Pentium Ⅱ

图 1-11　Intel Xeon

图 1-12　Intel Celeron

图 1-13　Pentium Ⅲ

图 1-14　Pentium Ⅲ Xeon

图 1-15　Celeron 4

图 1-16　Pentium 4

图 1-17　Pentium 4 Xeon

图 1-18　Intel Xeon MP

- 2001 年,Intel 推出了面向服务器的 64 位处理器 Itanium,如图 1-19 和图 1-20 所示。
- 当前 CPU 发展进入多核心、多线程时代且通过睿频技术智能超频/降频,2006 年双核 CPU 产生,如图 1-21 所示;2007 年四核产生,如图 1-22 所示;2010 年六核产生,如图 1-23 所示;2011 年八核产生,如图 1-24 所示。

图 1-19　Itanium

图 1-20　Itanium 2

图 1-21　双核 CPU

图 1-22　四核 CPU

图 1-23　六核 CPU

图 1-24　八核 CPU

2) CPU 技术性能指标

(1) 主频:指 CPU 的时钟频率,单位是 MHz 或 GHz,它是衡量 CPU 性能的重要指标之一。一般讲,主频越高,一个时钟周期内完成的指令数越多,CPU 运算速度越快;外频是 CPU 与周边设备进行数据交换的频率,是 CPU 与主板之间同步运行的速度。CPU 的主频=外频×倍频。

(2) 睿频:当启动一个运行程序后,处理器会自动加速到合适的频率,使运行速度提升 10%～20% 以保证程序流畅运行的一种技术。简单讲就是 CPU 的一种自动超频/降频技术。Intel 的睿频技术叫作 TB(Turbo Boost),AMD 的睿频技术叫作 TC(Turbo Core)。

(3) 前端总线(FSB):直接影响 CPU 和内存之间的数据交换速度,由于数据传输最大带宽取决于所有同时传输的数据的宽度和传输频率,也就是数据带宽=(总线频率×数据位宽)/8。

(4) 高速缓存(Cache):分为一级缓存(L1 Cache)、二级缓存(L2 Cache)、三级缓存(L3 Cache)。L2 Cache 和 L3 Cache 是用来弥补 L1 Cache 容量的不足,以最大限度减少内存对 CPU 运行速度的延缓,它们与 CPU 工作同步,对 CPU 实际工作性能影响巨大。

(5) 核心数量:目前有单核、双核、四核、六核、八核等,多核主流技术最先由 Intel 公司提出,但是 AMD 公司最先应用于 PC 机。同等频率下,多核心 CPU 相对于单核心 CPU 性能有较大幅度提高。

（6）制造工艺：指在硅材料生产 CPU 时，内部各元器件之间的连接线宽度，用微米（μm）表示。生产工艺越先进，连接线越细，CPU 内部功耗和发热量越小，在同等面积的材料中可以集成更多的电子元件，使得单位面积的集成度大幅提高。目前 CPU 的制造工艺已经达到 0.022 μm，也就是 22 nm。

（7）字长：是 CPU 每次处理二进制数的位数长度，目前市场上有 32 位、64 位的产品。从技术角度讲，32 位和 64 位性能优势不是绝对的，因为 CPU 需要与相匹配的操作系统、应用软件协同工作才能发挥 64 位 CPU 的性能。目前市场上 Windows Vista/7/8/2003/2008/2012 以及多个版本的 Linux 等操作系统兼具 32 位和 64 位，但相当多的桌面应用软件还处在 32 位。

2．主板

1）主板品牌

当前的主流品牌有华硕（ASUS）、技嘉（GIGABYTE）、精英（ECS）、双敏（UNIKA）、映泰（BIOSTAR）、硕泰克（SOLTEK）、捷波（Jetway）、华擎（ASRock）、磐正（SUPoX）、七彩虹（Colorful）、英特尔（Intel）、昂达（ONDA）、斯巴达克（SPARK）等。

2）性能参数

（1）主板接口及数量：IDE 接口、SATA 接口、FDDI 软驱接口等。

（2）主板插座：CPU 插座、电源插座、前置面板插座等。

（3）主板插槽及数量：内存插槽、AGP 显卡插槽、PCI 插槽、PCI-E 插槽。

（4）主板芯片组：CPU 通过主板芯片组对主板各部件进行控制。主板芯片组由北桥芯片和南桥芯片组成：北桥也称为主桥，提供对 CPU 类型、主频、内存类型和容量、PCI/AGP/PCI-E、ECC 纠错等支持，并起主导作用，与北桥连接的都是高速设备；南桥芯片提供 KBC（键盘控制器）、RTC（实时时钟控制器）、USB（通用串行总线）、I/O（输入/输出）、ACPI（高级电源管理）等支持，与南桥连接的都是低速设备；主流芯片组有 Intel、nVIDIA、AMD、ATI、SIS、VIA、ServerWorks、ULi 等。

（5）主板外部接口：VGA 显示器接口、PS/2 键盘鼠标接口、音频输入/输出接口、USB 接口、COM 接口、并口等。

（6）主板集成设备：是否集成显卡、声卡、网卡等。

3．内存

1）主流品牌

金士顿、威刚、现代、海盗船、宇瞻、金榜科技、胜创、三星等。

2）参数性能

（1）容量：内存容量表示内存可以存放的数据大小，单位有 B、KB、MB、GB 等，目前市面上常见的单条内存有 512 MB、1 GB、2 GB、4 GB、8 GB 等。

（2）时钟频率：内存频率以 MHz 为单位，对内存频率的支持由主板芯片组和 CPU 内存控制器决定。

（3）内存位宽：内存每次读写数据的位数，单位为 bit（比特），如 32、64、128、192 位等。

（4）存取时间：内存存取时间以 ns（纳秒）为单位。SDRAM 存取时间为 5 ns、6 ns、7 ns、8 ns、10 ns，DDR SDRAM 内存存取时间为 2 ns、3 ns、4 ns、5 ns。

（5）工作电压：SDRAM 工作电压为 3.3 V，DDR SDRAM 工作电压为 2.5 V 左右，DDR2 SDRAM 工作电压为 1.8 V 左右，DDR3 SDRAM 工作电压为 1.5 V 左右。

(6) 内存类型:常见内存有 SDRAM、DDR SDRAM、DDR2 SDRAM、DDR3 SDRAM 等,根据主板和 CPU 支持的类型确定内存类型。

4. 硬盘

1) 主流品牌

希捷(Seagate)、西部数据(WD)、三星(Samsung)、日立(HITACHI)、迈拓(Maxtor)、易拓(ExcelStor)。

2) 硬盘参数

(1) 接口类型:IDE 接口、SATA 接口、SCSI 接口。

(2) 硬盘转速:理论上讲,转速越快,硬盘读取速度越快,但是硬盘转速提升会产生噪声和热量,因此硬盘的转速设计是有限制的。

(3) 硬盘缓存:硬盘内部的高速存储器,提高硬盘的数据读写能力,有 32 MB、64 MB、128 MB 等。

(4) 单碟容量:硬盘的盘片具有正反两个存储面,两个存储面的容量之和就是硬盘的单碟容量。一般盘面越光滑、表面磁性物质越好、磁头技术越先进单碟容量越大,目前单碟容量达到 1 TB。

(5) 固态硬盘(Solid State Disk):用固态电子存储芯片阵列而制成的硬盘,由控制单元和存储单元(FLASH 芯片、DRAM 芯片)组成。固态硬盘的接口规范和定义、功能及使用方法与普通硬盘完全相同,在产品外形和尺寸上也完全与普通硬盘一致。基于闪存的固态硬盘是固态硬盘的主要类别,其固态硬盘内主体其实就是一块 PCB 板,而这块 PCB 板上最基本的配件就是控制芯片,缓存芯片(部分低端硬盘无缓存芯片)和用于存储数据的闪存芯片。由于不需要普通的机械结构,固态硬盘读写速度快(持续读写速度超过了 500 MB/s),低功耗,无噪声,抗震动,低热量,体积小,工作温度范围大,但价格高。

5. 显卡

1) 主流品牌

当前的主流品牌有华硕(ASUS)、技嘉(GIGABYTE)、精英(ECS)、双敏(UNIKA)、映泰(BIOSTAR)、捷波(Jetway)、华擎(ASRock)、磐正(SUPoX)、七彩虹(Colorful)、小影霸(HASEE)、昂达(ONDA)、斯巴达克(SPARK)等。

2) 性能参数

(1) 显卡芯片:专为图形处理研发的 CPU,称为 GPU,目前主要由 nVIDIA 和 ATI 两家生产。

(2) 显卡芯片频率和位宽:显卡芯片频率指的是 GPU 的工作频率,位宽指的是 GPU 每次读写二进制数据的位数,频率越高、位宽越长,显卡性能越强。

(3) 显存频率、类型和位宽:显存频率指的是显存的工作频率,类型指的是如 GDDR2/GDDR3/GDDR5,位宽指的是显存每次读写二进制数据的位数。频率越高、位宽越长,显卡性能越强。

6. 光驱

1) 概述

光存储设备又叫光盘存储器,简称光驱。按照读取或写入光盘的类型可以将光驱分为 CD-ROM、DVD-ROM、CD-RW、DVD-RW、COMBO、RAMBO、蓝光刻录机。

CD-ROM:能读取 CD 光盘;DVD-ROM:能读取 CD、DVD 光盘;CD-RW:能读写 CD 光

盘;DVD-RW:能读写 CD、DVD 光盘;COMBO:能读取 CD、DVD 光盘,写入 CD 光盘;RAM-BO:就是 DVD 刻录机的意思,兼容除蓝光和 HD DVD 外的其他格式,不是一种新的刻录标准,它包含了 DVD-Multi 和 DVD-Dual 光驱,支持刻录盘片的格式包括 CD-R/RW、DVD＋R/RW、DVD-R/RW、DVD-RAM;蓝光刻录机:支持 BD-AV 数据捕获、编辑、制作、记录与重放功能,目前市场上的蓝光光盘单片容量有 25GB 和 50GB 两种。

2)主流品牌

三星、索尼、明基、先锋、飞利浦、爱国者、松下、LG、华硕等。

3)性能参数

(1)缓存容量:缓存容量增大,对光驱的连续读取数据能力影响巨大,缓存增大,速度明显提升,目前光驱的缓存在 2～8 MB。

(2)接口类型:目前市场上有 IDE、SATA、USB 几种接口类型,USB 接口为外置式。

(3)纠错能力:纠错能力强的光驱容易跳过一些坏的数据区,反之,读取坏数据区非常吃力,并容易导致停止响应或死机等。

(4)倍速:光驱的倍速是光驱读写数据能力的重要参数,1X＝150 KB/S,目前 52X 是 CD-ROM、CD-RW 的读写速度极限,DVD-ROM、DVD-RW、蓝光刻录机的读写速度一般小于 18X。

7. LCD 显示器

1)主流品牌

从产品类型上看,有无线显示器、LED 显示器、触摸屏显示器、3D 显示器;从成像原理分为 CRT 和 LED 显示器。目前市场上的主流品牌有飞利浦、三星、爱国者、冠捷、长城、LG、明基等。

2)CRT 显示器的性能参数

(1)尺寸:具体表现为显像管的对角线长度,单位为英寸,目前有 15 英寸、17 英寸、19 英寸等。

(2)点距:屏幕上相邻两个色点的距离,常见的点距有 0.28 mm、0.25 mm、0.22 mm、0.20 mm 等。显示器的点距越小,在高分辨下显示效果越清晰。

(3)带宽:理论上,带宽＝水平分辨率×垂直分辨率×刷新频率;实际数值再乘以 1.5。

(4)分辨率:屏幕上可以容纳像素点的总和。分辨率越高,屏幕上的点数越多,图像越精细,单位面积上所能显示的内容越多。

(5)刷新频率:指的是显示器每秒闪烁的次数。CRT 显示器应该设置在 85 Hz 以上,低于 75 Hz 人眼会感觉到屏幕闪烁,长时间使用会感觉到眼睛不舒服。

3)LCD 显示器的性能参数

(1)尺寸:显示器的尺寸指的是液晶面板的尺寸,具体表现为液晶面板的对角线长度,单位为英寸,目前有 15 英寸、17 英寸、19 英寸、22 英寸、24 英寸、26 英寸、27 英寸及以上。

(2)分辨率:LCD 显示器出厂时,分辨率已经固定,只有在此分辨率下才能达到最佳显示效果。液晶显示器的规格分为传统 4∶3 规格,宽屏 16∶9 或 16∶10 规格。

(3)亮度:理论上亮度值越高越好。该值受液晶面板和灯管等因素影响。

(4)对比度:明暗的差异程度。目前 LCD 对比度最高已达到 60000∶1 以上,用户根据需要选择。

(5)响应时间:液晶点的黑白响应时间。响应时间小于 16 ms 时,不会感觉到拖尾现象,否则看电影时会有拖尾现象,目前响应时间有 2 ms、3 ms、5 ms、6 ms、8 ms、12 ms。

（6）显示器接口：显示器接口是连接显卡的唯一途径，目前有 VGA 接口（模拟信号）、DVI 接口（数字信号）、HDMI 接口（高清数字信号）。

（7）可视角：LCD 显示器的光源经过折射和反射输出后会有一定的方向性，在超出了可视角度范围会产生色彩失真现象。

8．机箱和电源

1）主流品牌

生产机箱和电源的主流品牌有长城机电、航嘉、金河田、酷冷至尊、大水牛等。

2）机箱性能参数

（1）抗电磁干扰：是否符合电磁传导干扰标准。电磁干扰损坏电子设备和人体安全。

（2）防辐射：是否符合 EMI-B 标准，防电磁辐射干扰能力。

（3）散热性能：机箱的对流空气设计是否有利于散热。

（4）机箱可扩展性：机箱是否具有足够的放置硬盘、光驱、刻录机等设备的仓位。

（5）机箱工艺：机箱一般由镀锌薄钢板冲压而成，需了解机箱的钢板是否坚固且不容易变形，防止机箱扭曲致使主板挤压变形损坏。

3）电源性能参数

（1）抗电磁干扰：是否符合电磁传导干扰标准。电磁干扰损坏电子设备和人体安全。

（2）防辐射：是否符合 EMI-B 标准，防电磁辐射干扰能力。

（3）散热性能：电源的对流空气设计是否有利于散热。

（4）安全认证：是否拥有 3C、UL、CCEE 等安全认证。

（5）接头数量：电源提供的对主板 20 或 24 接口、不同接口硬盘（IDE 或 SATA）、不同接口光驱（IDE 或 SATA）、软驱、CPU（4 芯接头）供电的电源接头是否齐全且有备余。

（6）功率、静音和节能：根据机器配置的最大消耗功耗及合理冗余的原则，选择合适功率的电源。对静音和节能要求因需要而定。

9．键盘和鼠标

1）主流品牌

生产键盘和鼠标的主流品牌有罗技、Microsoft、双飞燕、三星、明基、爱国者、联想等。

2）鼠标性能参数

（1）接口类型：PS/2 接口、USB 接口、无线。

（2）刷新率：单位时间内鼠标读取信息次数的标准。

（3）分辨率：分辨率越高，定位越精确。

（4）构造类型：机械鼠标、光电鼠标、轨迹球鼠标。

3）键盘的性能参数

（1）接口类型：PS/2 接口、USB 接口、无线。

（2）手感：按键弹性好，敲击键盘无噪音。

（3）键盘布局：键盘的按键布局合理，设计符合人体工程学。

10．音箱

1）主流品牌

生产音箱的主流品牌有飞利浦、漫步者、爱国者、索尼、罗技等。

2）音箱性能参数

（1）音箱材质：音箱有木质、塑料材质、金属材质，材质对音箱效果有明显影响。

（2）功率：功率决定音箱的实际声响大小。

（3）输入/输出接口：根据所连接声卡或功放类型确定输入/输出接口。

（4）音效和控制：声音系统的标准，声音的采音频率，低音、重低音、音量、音频、音效控制等。

11. 散热器

1）主流品牌

生产散热器的主流品牌有酷冷至尊、航嘉、技嘉、富士康、华硕等。

2）散热器性能参数

（1）散热器类型：CPU 散热器、笔记本式计算机、机箱散热器、北桥散热器等。

（2）散热方式：热管、风冷、水冷、散热片。

（3）轴承类型：含油、磁浮、液压、合金、滚珠等，不同的轴承类型影响使用寿命、静音等效果。

1.1.4　任务实施

1. CPU

（1）登录中关村在线模拟攒机网站，http://zj.zol.com.cn，如图 1-25 所示，在左侧装机配置单栏目单击"配件"；右侧选择具体的品牌和产品。

（2）在左侧装机配置单栏目单击"CPU"；右侧推荐品牌栏目单击"Intel"；在 CPU 筛选栏目 CPU 系列选择"酷睿 i7 四代"，在核心数量中选择四核心；根据朋友要求，本任务选配 Intel 酷睿 i7 4770K（盒），如图 1-26 所示。

图 1-25　ZOL 模拟攒机

图 1-26　选择 CPU 界面

（3）Intel 酷睿 i7 4770K 处理器如图 1-27 所示，参数信息：64 位处理器，主频：3.5 GHz，最大睿频：3.9 GHz；外频：100 MHz，倍频：39 倍；插槽类型：LGA 1150；核心数量：四核心，线程数：八线程；内存控制器：双通道 DDR3 1600；一级缓存 2×64 KB，二级缓存 4×256 KB，三级缓存 8 MB；热设计功耗（TDP）：84 W。

2. 主板

（1）主板选择界面如图 1-28 所示，左侧装机配置单栏目单击"主板"；右侧推荐品牌栏目单击"技嘉"。按如下条件进行筛选。

图 1-27　Intel 酷睿 i7 4770K（盒）

图 1-28　主板选择界面

集成芯片：非集成显卡；主板芯片组：Intel；CPU 插槽：LGA1150；主板类型：ATX；结果排序：最贵；根据 CPU 匹配特性本任务选配技嘉 GA-Z87X-UD5H 主板。

（2）技嘉 GA-Z87X-UD5H 主板如图 1-29 所示，参数信息如下所示。主芯片组：Intel Z87；集成芯片：声卡/网卡（集成 Realtek ALC898 8 声道音效芯片/板载双千兆网卡）；CPU 平台：Intel，CPU 类型：Core i7/Core i5/Core i3，CPU 插槽：LGA 1150，支持 CPU 数量：1 颗；内存类型：DDR3，内存插槽：4×DDR3 DIMM，最大内存容量：32 GB，内存描述：支持双通道 DDR3、1600/1333 MHz 内存；PCI-E 插槽：3×PCI-E X16（PCI-E 3.0 标准）显卡插槽，3×PCI-E X1 插槽，1×PCI 插槽；SATA 接口：10×SATA Ⅲ 接口；主板板型：ATX 板型；4×USB2.0 内置接口，10×USB3.0（4 内置＋6 背板），2×HDMI 接口，1×DVI 接口，1×Display Port 接口，2×RJ45 接口，1×光纤接口，音频接口；2×128 MB flash BIOS 存储；使用授权 AMI EFI BIOS；支持 Dual BIOS。

3．内存

（1）内存选择界面如图 1-30 所示，在左侧装机配置单栏目单击"内存"；右侧推荐品牌栏目单击"威刚"。

右侧内存筛选栏目按如下条件进行筛选。适用类型：台式机；容量描述：2×4 GB；内存类型：DDR3；内存频率：1 600 MHz。根据主板和 CPU 特性，本任务选配威刚 8 GB DDR3 1600 G（游戏威龙双通道）内存。

图 1-29　技嘉 GA-Z87X-UD5H 主板

图 1-30　内存选择界面

（2）威刚 8 GB DDR3 1 600 G（游戏威龙双通道）内存如图 1-31 所示，参数特性：台式机

DDR3 1600 G 双通道内存，工作电压 1.55～1.75 V，传输标准 PC3-12800。

4. 硬盘

（1）硬盘选择界面如图 1-32 所示，左侧装机配置单栏目单击"硬盘"；右侧推荐品牌栏目单击"希捷"。

图 1-31　威刚双通道内存

图 1-32　硬盘选择界面

右侧硬盘筛选栏目按如下条件进行筛选。硬盘容量：2 TB；缓存：64 MB；转速：7 200；接口类型：SATA3.0。本任务选配 WD 2TB 7200 转 64 MB SATA3 黑盘（WD2002FAEX）硬盘。

（2）WD 2TB 7 200 转 64 MB SATA3 黑盘如图 1-33 所示，硬盘参数如下所示。适用类型：台式机；硬盘尺寸：3.5 英寸；硬盘容量：2 000 GB；缓存：62 MB；转速：7 200 rpm；接口类型：SATA3.0；接口速率：6 Gbit/s；平均寻道时间：随机读取寻道时间＜4.2 ms；噪音：29～34 dB。

5. 显卡

（1）显卡选择界面如图 1-34 所示，左侧装机配置单栏目单击"显卡"；右侧推荐品牌栏目单击"影驰"。

右侧显卡筛选栏目按如下条件进行筛选。显示芯片：NVIDIA；显存容量：4 GB；显存位宽：256 位。本任务选配英伟达芯片的影驰 GTX760 四星大将显卡，其显存容量、显存容量、GPU 满足流畅运行游戏要求，且价位合理。

图 1-33　西部数据 2T 硬盘

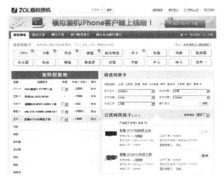

图 1-34　显卡选择界面

（2）影驰 GTX760 四星大将如图 1-35 所示，显卡参数如下所示。显卡芯片：NVIDIA GTX 700 系列/GeForce GTX 760；核心频率：1 058/1 110 MHz；显存频率：6 008 MHz；RAM-

DAC 频率:400 MHz;显存类型:GDDR5;显存容量:4 096 MB;显存位宽:256 bit;最高分辨率:4 096×2 160;

散热方式:散热风扇+散热片+热管散热;显卡接口:PCI Express 3.0 16X;I/O 接口:HDMI 接口/双 DVI 接口/DisplayPort 接口;外接电源接口:6pin+8pin;3D API:DirectX 11;流处理器(sp):1 152 个。

6. 机箱

(1) 机箱选择界面如图 1-36 所示,左侧装机配置单栏目单击"机箱";右侧推荐品牌栏目单击"长城机电"。

右侧机箱筛选栏目按如下条件进行筛选。机箱类型:台式机;机箱结构:ATX;机箱样式:立式。本任务选配外观、性能和价格合理的长城梦幻钻龙 T-03 机箱。

图 1-35　影驰 GTX760 四星大将显卡　　　　图 1-36　机箱选择界面

(2) 长城梦幻钻龙 T-03 如图 1-37 所示,机箱参数如下所示。机箱样式:黑色 6.6 kg SECC 镀锌钢板,中塔立式 ATX 板型机箱;4 个 5.25 英寸仓位;6 个 3.5 英寸仓位;7 个扩展插槽;前置接口:USB 2.0 接口 1 个,耳机接口 1 个,麦克风接口 1 个,IEEE1394 接口 1 个。

7. 电源

(1) 电源选择界面如图 1-38 所示,左侧装机配置单栏目单击"电源";右侧推荐品牌栏目单击"长城机电"。

右侧电源筛选栏目按如下条件进行筛选。电源类型:台式机电源;额定功率:400～600 W。本任务选配长城双卡王发烧版 BTX-600SE 电源。

图 1-37　长城梦幻钻龙 T-03　　　　　　　图 1-38　电源选择界面

（2）长城双卡王发烧版 BTX-600SE 电源如图 1-39 所示，电源参数如下所示。电源类型：600 W ATX 台式机电源，支持 Intel 和 AMD 全系列 CPU；主板接口：20＋4PIN。显卡接口（6＋2PIN）：2 个；硬盘接口（SATA）：6 个；供电接口（大 4PIN）：6 个。

8. 显示器

（1）显示器选择界面如图 1-40 所示，左侧装机配置单栏目单击"显示器"；右侧推荐品牌栏目单击"三星"。

右侧液晶显示器筛选栏目按如下条件进行筛选。产品类型：LED 显示器；屏幕尺寸：27 英寸及以上；视频接口：HDMI。本任务选配性价比合理的三星 S27B750V 显示器。

图 1-39　长城 BTX-600SE 电源　　　　图 1-40　显示器选择界面

（2）三星 S27B750V 显示器如图 1-41 所示，显示器参数如下所示。27 英寸大众实用 LED 显示器；屏幕比例：16：9（宽屏），最佳分辨率：1 920×1 080；高清标准：1 080 p（全高清）；面板类型：TN；背光类型：LED 背光；动态对比度：100 万：1；静态对比度：5000：1；灰阶响应时间：2 ms；亮度：300 cd/m²；可视角度：170°/160°；显示颜色：16.7 M；视频接口：D-Sub（VGA），HDMI×2，MHL；其他接口：音频输入，音频输出。

9. 鼠标键盘

鼠标、键盘可单独选配，也可套装选配，本任务选配套装。

（1）键鼠装选择界面如图 1-42 所示；左侧装机配置单栏目单击"键鼠装"；右侧推荐品牌栏目单击"罗技"。

右侧鼠标筛选栏目按如下条件进行筛选。适用类型：竞技游戏；键盘、鼠标接口：USB 接口。本任务选配罗技 G100S 键鼠套装。

图 1-41 三星 S27B750V　　　　　　图 1-42　键鼠装选择界面

（2）罗技 G100S 键鼠套装如图 1-43 所示，鼠标参数如下所示。黑色 USB 有线竞技游戏键鼠装；支持防水和人体工学 104 键盘；4 键双向滚轮对称设计光电普通鼠；鼠标分辨率：2 500 dpi；分辨率可调：三档。

10. 音箱

（1）如图 1-44 音箱选择界面所示，左侧装机配置单栏目单击"音箱"。右侧推荐品牌栏目单击"漫步者"。

右侧音箱筛选栏目按如下条件进行筛选。音箱类型：电脑机箱；音箱系统：5.1 声道；价格区间 500～800 元。本任务选配漫步者 R501T04 音箱。

图 1-43　罗技 G100S 键鼠套装

图 1-44　音箱选择界面

（2）漫步者 R501T04 音箱如图 1-45 所示，音箱参数如下所示。木质、有源、遥控、5.1 声道电脑音箱；供电方式：电源 220 V/50 Hz，额定功率 66 W，频率响应＜4 dB；扬声器单元：8 英寸＋3 英寸；音频接口：RCA 接口。

11. 光驱

（1）光驱选择界面如图 1-46 所示，左侧装机配置单栏目单击"光驱"；右侧推荐品牌栏目单击"明基"。

右侧光驱筛选栏目按如下条件进行筛选。光驱类型：DVD 刻录机；安装方式：内置；接口类型：SATA 接口。本任务选配明基 DW24AS 刻录机。

图 1-45　漫步者 R501T04 音箱

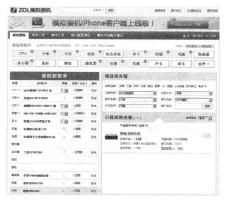

图 1-46　光驱选择界面

（2）明基 DW24AS 刻录机如图 1-47 所示，光驱参数如下所示。光驱类型：DVD 刻录机；安装方式:内置(台式机光驱);接口类型:SATA ;缓存容量:1.5 MB;读取速度:DVD-ROM SL 为16X,DVD-ROM DL 为 12X,DVD-R 为 16X,DVD-R DL 为 12X,DVD-RAM 为 12X,DVD+R 为16X,DVD+R DL 为 12X;写入速度:DVD-R 为 16X,DVD-RW 为 8X,DVD-R DL 为 12X,DVD-RAM 为 12X,DVD+R 为 16X,DVD+RW 为 8X,CD-R 为 48X,CD-RW 为 32X。

经过以上多个步骤,模拟攒机配置单如图 1-48 所示,完成了朋友强峰要求的装机配置单。因 IT 产品的价格变化非常快,产品的升级换代非常快,其价格和选配产品仅供参考,但必须掌握选配的方法,特别是 CPU、主板、硬盘、内存、显卡等主配件的选配要考虑匹配和兼容性。

图 1-47　明基 DW24AS 刻录机

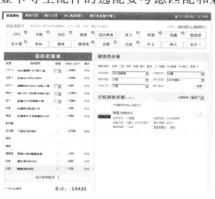

图 1-48　模拟配置单

1.1.5　任务拓展

(1) DIY:即自己组装多媒体计算机,是最早产生于欧美发达国家的观念。

(2) 硬件参数检测:在 Windows 系统下安装优化大师、360 硬件大师、超级兔子、Everest、CPU-Z、GPU-Z 等软件可以检测系统硬件的实际性能参数,本任务以 CPU-Z 和 GPU-Z 为例检测 CPU 参数如图 1-49 所示,CPU 缓存参数如图 1-50 所示,主板参数如图 1-51 所示,内存参数如图 1-52 所示,SPD 参数如图 1-53 所示,CPU-Z 测试显卡参数如图 1-54 所示,GPU-Z 测试显卡参数如图 1-55 所示。

图 1-49　CPU 参数

图 1-50　CPU 缓存参数

图 1-51　主板参数

图 1-52　内存参数

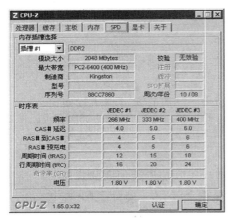

图 1-53　SPD 参数

图 1-54　CPU-Z 测试显卡参数

图 1-55　GPU-Z 测试显卡参数

1.2 任务 2 自主选配品牌台式计算机

1.2.1 任务描述

朋友欧阳淑敏委托你设计一套性能较好、价格合理的品牌台式计算机选配方案,要求选用戴尔品牌,使用 Intel 四核 CPU、4 GB 内存、23 英寸及以上宽屏 LCD 显示器、1 TB 硬盘、独立显卡。

1.2.2 任务分析

首先在中关村在线网站上,确定选择的品牌 PC 机为戴尔,然后根据朋友要求的 Intel 四核 CPU、4 GB 内存、23 英寸宽屏 LCD 显示器、1 TB 或以上硬盘、独立显卡,搜索符合条件的品牌计算机。

1.2.3 知识必备

1. 主流品牌计算机厂商

联想、惠普、戴尔、方正、神舟、清华同方、海尔、联想、宏碁、长城、华硕、七喜、清华紫光、苹果、明基等。

2. 配件的参数性能

品牌计算机主板、CPU、内存、显卡、硬盘、显示器一般委托专业厂商加工生产,各配件的稳定性、兼容性经过严格的优化与测试,兼容性、稳定性较强,其配件的参数指标与散装台式计算机配件指标相同。

1.2.4 任务实施

品牌计算机与 DIY 计算机相比,在兼容性、稳定性、质保和售后服务等方面具有更多优势,但品牌机配置固定,不一定能搜索到完全符合自己要求的品牌机,这时必须更换其中的某些配置再重新搜索。当然如果是大客户,也就是一次可以订购几百台以上同种配置的机型,多数品牌机也可以订单生产。

(1)登录中关村在线的网站,台式计算机选择界面如图 1-56 所示,单击"笔记本整机""台式电脑"菜单,进行品牌台式计算机选择。

(2)台式电脑选配条件如图 1-57 所示,单击"高级搜索"菜单,进入品牌台式计算机高级搜索条件界面,可详细限制台式计算机配置条件。

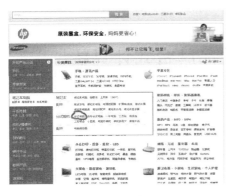

图 1-56　台式计算机选择界面

图 1-57　台式计算机选配条件

（3）如图 1-58 台式计算机高级搜索所示，设置搜索的具体条件包括品牌、报价、类型、CPU 系列、CPU 频率、核心代号、核心数、内存容量、内存类型、内存容量、硬盘容量、屏幕尺寸、显卡类型、显存类型、光驱类型、操作系统等，可以设置其中多个条件，不一定都需要进行设置。本任务搜索到了 6 个符合筛选条件的台式机，单击"查看结果"按钮，进入下一步选配。

由于品牌计算机是厂家根据市场需求、成本、利润、兼容性等多方面因素设计的产品，因此选配没有 DIY 灵活，可能要多次组合条件，才能组合出理想的现有机型。

（4）品牌机搜索结果如图 1-59 所示，本次共搜索出 6 个符合条件的品牌机，可综合性能、评价、价格等因素选择具体机型。由于中国特有的国情，品牌机的价格一般不是很透明，有些价格差距能高达 50%，中关村的产品一般都有商家报价区间参考，具体确定了选配某种机型后，可参照中关村、天猫商场、淘宝商城、京东商城、本地销售商的价格，并结合售后服务的水平和方便性做出选择。本任务选择戴尔 Vostro 成就 270(D196-JN) 台式计算机，笔者强烈建议购买产品必须索要正规发票，以维护自身权益。

图 1-58　台式计算机高级搜索

图 1-59　筛选结果

（5）戴尔 Vostro 成就 270(D196-JN) 如图 1-60 所示，该结果仅供参考，具体样式以实体电脑为准，具体参数如下所示。

产品类型:商用台式机;预装系统:Linux;主板芯片组:Intel B75;机箱:黑色微塔式;CPU 系列:Intel 酷睿 i5 3 代系列;CPU 型号:Intel 酷睿 i5 3470;CPU 频率:3.2 GHz;最高睿频:3 600 MHz;总线:DMI 5 GT/s;制程工艺:22 nm。三级缓存:6 MB;核心代号:Ivy Bridge;核

心/线程数:四核心/四线程;内存:DDR3 1 600 MHz 4 GB;硬盘:1 TB;光驱:DVD 刻录机;显卡:AMD Radeon HD 7570 独立显卡;显存容量:1 GB;DirectX:DirectX 11;音频系统:集成 5.1 声卡;显示器:LED 宽屏 23 英寸;1 000 Mbit/s 以太网卡;电源:100~240 V 300 W 自适应交流电源供应器;前面板 I/O 接口:2×USB 2.0、16 合 1 读卡器(可选)、耳机输出接口、麦克风输入;接口背板 I/O 接口:2×

图 1-60　戴尔 Vostro 成就 270(D196-JN)

USB 2.0+4×USB 3.0、HDMI、VGA、1×RJ45(网络接口)、3×S/PDIF 输出、8×声道音频接口、电源接口;随机附件:标准键盘、标准鼠标、McAfee 防病毒软件 15 个月;包装清单:主机、保修卡、说明书、驱动光盘、显示器、数据线、电源、键鼠套装;免费咨询热线:800-858-2339(座机)/400-884-9428(手机);保修政策:全国联保,享受三包服务;质保时间:3 年(有限硬件保修);客服电话:800-858-0478(工作日 8:00—20:00,法定节日休息)。

1.2.5　任务拓展

品牌计算机与组装计算机相比较的显著特点如下所示。

1.品牌计算机配置不够合理

品牌计算机基于市场策略迎合消费者心理,片面宣传某个部件性能,而整机的性能较低。如品牌计算机中高频 CPU 搭配低档整合主板和低档显示卡等现象屡见不鲜,品牌机的这种不合理配置大大制约了计算机的整体性能。这是因为 CPU 并不是决定计算机性能高低的唯一指标,内存和显卡等部件对整机的影响也是非常明显的。而组装计算机的配置则完全可以自由选择。

2.品牌计算机配置固定

品牌计算机一般不能根据客户的需要而修改配置(除非达到一定数量进行定制)。例如,你对某一款品牌计算机的大部分配件都比较满意,只是希望将 500 GB 的硬盘换成 1 000 GB 的大硬盘,那么商家肯定无法兑现。而组装计算机则完全杜绝了这个缺点,它完全可以量身定做。

3.品牌计算机配置不透明

品牌计算机配置清单中往往是这么写的:独立显卡、500 GB 硬盘、22 英寸液晶显示器,至于这些配件的具体品牌、具体指标,品牌计算机不予说明。品牌计算机各部件一般由专业板卡厂商 OEM 定做生产,性能参数根据品牌机厂商要求设计。

4.品牌计算机兼容性强

品牌计算机的硬件配置大都经过了严格的测试和优化,硬件的兼容性强,整体性能一般会比相同配置的组装计算机高 10%。

5.升级扩展性

品牌计算机厂商为了尽可能控制成本,往往使用低成本的配件进行生产,升级扩展性相对较差。如使用 PCI 插槽、内存插槽 SATA 接口、IDE 接口等数量较少,导致可扩展性降低;品牌计算机为了美观,机箱上只保留有 1~2 个扩展仓位,导致今后无法添加硬盘或刻录机等设备。品牌计算机对用户拆装机箱、插拔配件和保修上都有种种限制,在一定程度上也限制了升级扩展的能力。

6. 外观

品牌计算机厂商在计算机主机箱和显示器外观设计方面颇费心思,对于许多品牌计算机前卫美观的造型,不少消费者为之心动,如前置 USB 接口、音箱接口和耳机插孔等。兼容计算机的外观则较为单一,虽然大部分机箱的外观也比较前卫、美观,但显示器和机箱的设计往往不能统一起来。

7. 智能备份恢复

许多品牌计算机通过集成特殊技术和软件,使得计算机系统的备份与恢复简单化,但一般要占用较大硬盘空间,该部分磁盘分区隐藏。

8. 价格与售后服务

组装计算机价格相对较低,一般由销售商根据不同配件提供 3 个月、6 个月、1 年等不同类型质保,但服务良莠不齐;品牌计算机比同等配置组装机贵 20％以上,但品牌计算机一般整机三年质保,提供一年内免费上门服务,提供 24 小时热线技术咨询服务等,对于普通用户而言有较好的保障。

1.3 任务 3 选配笔记本式计算机

1.3.1 任务描述

朋友诸葛文慧的公司委托你设计一个购买联想 ThinkPad 笔记本式计算机的方案,要求双显卡(独立＋集成)、中高端配置、价位合理、主要适用于商务工作环境需求。

1.3.2 任务分析

首先确定所选的电脑品牌,而后选择商务类型、独立显卡,而后根据搜索到的结果,以适用商务工作环境的标准,选择出性能可靠、具有移动上网功能、较大的内存、能够存储较多数据的大硬盘、较长续航能力的电源配置的笔记本式计算机型号,从而最终确定选配方案。

1.3.3 知识必备

1. 主流笔记本式计算机品牌

联想、惠普、戴尔、方正、神舟、清华同方、海尔、宏基、长城、华硕、七喜、清华紫光、苹果、明基、松下、东芝、富士通、海尔、三星、LG 等。

2. 配件的参数性能

主板、CPU、内存、显卡、硬盘、显示器一般委托专业厂商加工生产,各配件的稳定性、兼容性经过严格的优化与测试,兼容性、稳定性较强,其配件设计与台式计算机有较多差别。例如,CPU功耗低、散热少、支持移动上网,硬盘散热少、体积小、接口小,其他各配件对功耗、散热、体积、接口都有要求,主板一般双面都有插槽。

1.3.4 任务实施

（1）登录中关村在线的网站,笔记本式计算机选择界面如图1-61所示,单击"笔记本整机"/"笔记本电脑"菜单,进行品牌笔记本式计算机选择。

（2）笔记本式计算机选配条件如图1-62所示,单击"高级搜索"菜单,进入笔记本式计算机的详细参数选择界面。

图1-61 笔记本式计算机选择界面

图1-62 选配条件设置

（3）笔记本式计算机的详细选配参数如图1-63所示,设置搜索的具体条件包括:品牌、价格区间、上市时间、类型、定位、屏幕尺寸、屏幕比例、CPU系列、CPU型号、核心类型、显卡类型、显存容量、显卡芯片、显存位宽、内存容量、硬盘描述、硬盘容量、光驱类型、背光技术、屏幕分辨率、数据接口、蓝牙、摄像头、有线网卡、指纹识别、人脸识别、上网功能、电池类型、重量、操作系统等,可以设置其中多个条件,不一定全部都进行设置。本次共搜索出21种符合条件的笔记本式计算机,单击"查看结果"按钮,进入下一步选配。

由于笔记本式计算机是厂家根据市场需求、成本、利润、兼容性等多方面因素设计,因此可能要多次组合条件,才能组合出理想的现有机型。

（4）笔记本式计算机搜索结果如图1-64所示,在参照性价比、每台计算机的详细配置等因素选择具体机型。笔记本的市场价格不透明,尤其是商务机型,采购价格差距较大现象司空见惯,中关村在线提供商家报价区间参考,当确定了选配某种机型后,可参照中关村、天猫商场、淘宝商城、京东商城、本地销售商的价格,并结合售后服务的水平和方便性做出选择。选购时可根据情况与商家进行价格谈判。本任务选配联想ThinkPad W530(24381E3)笔记本式计算机。笔者强烈建议购买笔记本式计算机时索要正规发票,以维护自身权益。

图 1-63　详细选配参数　　　　　　　　图 1-64　搜索结果

（5）联想 ThinkPad W530(24381E3) 笔记本式计算机如图 1-65 所示，该结果仅供参考，具体样式以实体为准，具体参数如下所示。

图 1-65　联想 Think Pad W530(24381E3)笔记本式计算机

上市时间：2013 年 07 月；产品定位：商务办公本；外壳材质：黑色复合材质；预装系统：Windows 7 Professional 64bit；主板芯片组：Intel QM77；CPU：Intel 酷睿 i7 3 代系列—i7 3630QM；主频：2.4 GHz；最高睿频：3 400 MHz；总线规格：DMI 5 GT/s；三级缓存：6 MB；核心类型：Ivy Bridge；核心/线程数：四核心/八线程；制程工艺：22 nm；指令集：AVX，64 bit；功耗：45 W；内存：DDR3 1600 MHz 8 GB；插槽数量：4xSO-DIMM；最大内存：32 GB；硬盘：5 400 转 1 TB；光驱：内置 Rambo DVD 刻录机；屏幕尺寸：15.6 英寸；屏幕比例：16：9；屏幕分辨率：1 600×900；背光技术：LED 背光；显卡：双显卡（独立＋集成）；显卡芯片：NVIDIA Quadro K2000M＋Intel GMA HD 4000；显存容量：2 GB；显存类型：DDR3；显存位宽：128 bit；流处理器数量：384；摄像头：720p HD 摄像头；音频系统：内置音效芯片，内置扬声器，内置麦克风；无线网卡：Intel 6205 AGN；有线网卡：1 000 Mbit/s 以太网卡；蓝牙：蓝牙 4.0 模块；数据接口：2×USB 2.0＋2×USB 3.0〔其中一个 powered（供电 USB）共用接口〕，IEEE1394 接口；视频接口：VGA，Mini DisplayPort；音频接口：耳机/麦克风二合一接口；其他接口：RJ45

（网络接口），电源接口；读卡器：4 合 1 读卡器；扩展插槽：ExpressCard；指取设备：一体化多点触控触摸板，指点杆；键盘描述：背光键盘；指纹识别：支持智能指纹识别功能；电池类型：6 芯锂电池，5 700 mA；续航时间：4.8 小时左右，具体时间视使用环境而定；笔记本式计算机重量：2.7 kg；长度：372.8 mm；宽度：245.1 mm；厚度：32.8～36.6 mm；附带软件：随机软件；安全性能：安全锁孔，硬盘密码，加电密码，超级用户口令；其他特点：网络自适应软件，APS 硬盘保护技术，应急与恢复系统，密码管理器；附件：主机、电池、电源适配器、电源线、说明书、保修卡；保修政策：全国联保，享受三包服务；质保时间：3 年部件和人工（系统电池 1 年），送 3 年有限上门，网上注册送 3 年意外保护；客服电话：800-990-8888（工作日 8：30—17：30，节假日休息）。

1.3.5　任务拓展

1. 电池性能

目前使用的电池主要有锂电池和镍氢电池，目前主流产品为锂电池。锂电池一般为智能型电池，具有记忆功能，也有重量轻、使用时间长等优点。

2. 显示屏性能

笔记本式计算机的显示屏有触摸显示屏、IPS 显示屏、视网膜显示屏、3D 显示屏，主要性能参数包括可视角度、显示屏的亮度、对比度、刷新频率等。

3. 硬盘

笔记本式计算机的硬盘一般转速比台式计算机慢，常见的有 4 200 转/分和 5 400 转/分。此外，硬盘的转速、厚度、噪音控制、节电控制、防震性能、加密保护性能等也是重要的参考因素，也有采用 SSD 固态硬盘混合搭配机型。

4. 品牌与服务

目前笔记本式计算机品牌较多，选择笔记本式计算机时应仔细审核厂商的质保期限、维修服务方式和网点分布，仔细核对配置表与实际配置的匹配情况，防止不良商家的不实宣传和掉包处理。

5. 通信性能

是否支持有线以太网、无线局域网、GPRS/3G/4G 等无线网络、蓝牙等功能。

6. 整机散热设计

笔记本式计算机由于受到设计体积的限制，设备集中度比较高，散热器和散热风扇的设计使用受到限制，因此整机的散热设计也相当关键，对散热比较大的机型应该配置专用散热架。

1.4　项目实训　选配各类型计算机

1.4.1　项目描述

公司销售部因业务发展需求，需要购置性能价格合理的组装台式计算机、品牌计算机、笔记本式计算机各 1 台，现委托你进行选配方案设计。

1.4.2　项目要求

（1）组装台式计算机：4 GB 内存、1 TB 硬盘、独立显卡、22 英寸 LCD 显示器、主板集成显卡、声卡、网卡，兼容性强、性能价格合理，其他不限。

（2）品牌计算机：2 GB 或以上内存、500 GB 或以上硬盘、22 英寸 LCD 显示器、主板集成显卡、声卡、网卡，性能价格合理，其他不限。

（3）笔记本式计算机：屏幕大小 12 英寸、2 GB 或以上内存、500 GB 或以上硬盘，支持以太网、无线局域网、无线移动网络、蓝牙等功能，性能价格合理，其他不限。

1.4.3　项目提示

本项目实训涉及的内容多，设备选型要求多，但作为一个现代计算机销售和维护人员必须能熟练准确地根据客户千差万别的要求设计适合客户要求的配机方案，必须做到举一反三，在理解配机原理的基础上，真正熟练掌握组装计算机、品牌计算机、笔记本式计算机的选配方案。

1.4.4　项目实施

本项目在网络机房进行，并通过使用 http://zj.zol.com.cn 和 http://detail.zol.com.cn 两个中关村在线网站进行方案设计。项目时间为 60 分钟，项目实施采用 3 人一组的方式进行。每个组内的任务自主分配，加强学生知识和技能的职业能力培养，同时，通过团队合作加强学生的通用能力培养，从而提高学生的整体职业素养。

1.4.5　项目评价

表 1-1　项目实训评价表

内容		评价		
知识和技能目标		3	2	1
职业能力	理解计算机主要硬件的参数性能			
	理解计算机主要硬件的匹配关系			
	自主选配散装台式计算机			
	自主选配品牌台式计算机			
	自主选配笔记本式计算机			
通用能力	语言表达能力			
	组织合作能力			
	解决问题能力			
	自主学习能力			
	创新思维能力			
综合评价				

项目 2 组装计算机

计算机配件接口的标准化使得计算机的组装简化。计算机的组装主要包括机箱电源的安装,计算机主板的安装,CPU、内存、显卡、网卡、散热器的安装,硬盘、光驱的安装和线缆连接,前置面板跳线的连接,显示器、键盘、鼠标、音频系统等外设的连接等。为了保护计算机的电子元件,应采用规范化的方式方法,组装计算机硬件。

【知识目标】

(1)熟悉计算机常见的接口和配件。
(2)熟悉组装计算机的流程。
(3)了解计算机的工作环境要求。

【技能目标】

组装台式计算机。

2.1 任务 1 组装台式机

2.1.1 任务描述

学院机房通过网络采购了组装机的相关配件,包括机箱、电源、主板、CPU、内存、硬盘、显卡、光驱、显示器、键盘、鼠标等,现委托你对计算机各部件进行硬件组装。

2.1.2 任务分析

首先根据计算机组装的标准流程,进行防静电处理,而后按照先内后外的顺序依次安装CPU、散热风扇、内存、主板、硬盘、光驱、电源、显卡、各前置面板线缆、机箱内各设备供电线缆、外围设备连线、主机供电线缆、显示器供电线缆,通电 POST 自检完成后,用螺丝拧住机箱盖即完成计算机硬件组装。

2.1.3 知识必备

计算机的装机注意事项如下所示。

（1）必须使用带磁性的十字螺丝刀，否则固定螺丝时，容易滑落到主板等板卡上，造成硬件损坏。

（2）必须使用防静电设备，包括防静电手套、防静电手环、防静电皮垫或防静电布，在要求高的工作环境中还必须穿戴防静电鞋套、防静电服装，即使在最简陋的环境中也应该先双手触摸墙壁或金属器物放掉静电，否则对电路会造成不必要的损坏。

（3）多个螺丝固定的板卡，在固定螺丝时，不是按照逆时针或顺时针的方式逐个固定，而是以对角的方式固定，防止板卡一侧受力过大造成扭曲变形。

（4）CPU和其散热风扇的接触面必须涂抹导热硅胶，这样散热片和CPU接触紧密有利于散热。

（5）对于有方向要求的接口卡虽然配置了防止接反的措施，但是还是应该仔细辨认。因为接反时，无法接入，很容易用力过大导致接口硬件损坏。

2.1.4 任务实施

1. 硬件组装准备

（1）组装工具准备：准备1张结实的大桌子，并使用防静电皮垫或防静电布铺好桌面，作为装机工作台；1把带磁性的十字螺丝刀；1副防静电手套或防静电手环，将工具放置在桌面上，并戴好防静电手套或防静电手环。组装工具如图2-1所示。

（2）组装配件准备：准备装机的各部件，包括机箱、电源、主板、CPU、散热器、内存、显卡、光驱、显示器、鼠标、键盘，并将其放置在装机工作台上。主要组装配件如图2-2所示。

图2-1　组装工具　　　　　　　　　　　图2-2　组装配件

2. 安装CPU及散热风扇

（1）适当用力向下微压固定CPU的压杆，同时用力往外推压杆，使其脱离固定卡扣。提起CPU插槽压杆如图2-3所示。

（2）将固定处理器的护罩与压杆向反方向提起，打开CPU插槽盖子，如图2-4所示。

图2-3　CPU插槽　　　　　　　　　　图2-4　CPU插槽护罩

（3）确定好三角缺口标志后，对齐 CPU 和插座，安装 CPU。安装操作如图 2-5 所示。

（4）微用力向下卡紧 CPU，如图 2-6 所示，防止用力过大损坏 CPU 针脚。

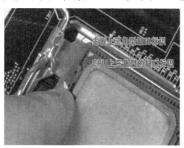

图 2-5　对其 CPU 和插座　　　　　　　图 2-6　卡紧 CPU

（5）扣上 CPU 护罩，并将压杆复位固定，操作如图 2-7 所示。

（6）压杆复位固定后，CPU 安装完成，效果如图 2-8 所示。市面上也有些主板不带 CPU 护罩。

图 2-7　压杆和护罩复位　　　　　　　图 2-8　安装 CPU 完成

（7）将 CPU 表面和散热风扇接触面均匀涂抹导热硅胶，而后对准固定位置，拧紧固定螺丝，安装方法如图 2-9 所示。

（8）按住正确方向，连接 CPU 散热风扇的电源接口，效果如图 2-10 所示。

图 2-9　安装散热 CPU 风扇　　　　　　图 2-10　连接 CPU 风扇电源插头

3. 安装内存

（1）目前主板大多支持双通道内存，方法是查看主板的内存插槽，其插槽一般采用两种不同颜色来标识，同种颜色的内存插槽代表双通道内存插槽，并识别内存插入的方向。效果如图 2-11 所示。

（2）先用手将内存插槽两端的扣具打开，然后将内存平行放入内存插槽中，用两拇指按住内存两端轻微向下压,听到"啪"的一声响后,即说明内存安装到位。安装方法如图 2-12 所示。

（3）按要求安装完成双通道内存,效果如图 2-13 所示。

图 2-11　双通道内存插槽　　　　　　　图 2-12　内存安装

4. 安装主板

（1）打开机箱盖,将机箱主板垫脚螺母安放到机箱背板主板托架的对应位置（注:有些机箱购买时就已经安装好）,安装方法如图 2-14 所示。

图 2-13　双通道内存　　　　　　　图 2-14　安装背板螺母

（2）双手拿起主板,将主板放入机箱中,安装方法如图 2-15 所示。

（3）确定主板的外部接口准确对齐到机箱后挡板的相应位置,确保主板放置到位,效果如图 2-16 所示,背部挡板应该与主板输入/输出接口匹配。

图 2-15　安装主板　　　　　　　图 2-16　接口对齐背部挡板

（4）拧紧主板的固定螺丝,固定好主板。在固定主板时,先将全部螺丝安装到位不要拧紧,这样做的好处是随时可以对主板的位置进行调整,便于纠正主板位置,也防止主板变形。拧螺丝时,按对角线的方式,而不是逐个进行,同时注意最好不要一次将螺丝拧得太紧,而是对角都固定好后,分多次逐渐拧紧。固定方法如图 2-17 所示。

5. 安装硬盘

（1）对于普通的机箱,只需要将硬盘放入机箱的硬盘托架上,拧紧螺丝使其固定即可。若机箱设计有可拆卸的 3.5 英寸机箱托架,可先拆卸硬盘托架,这样安装起硬盘来就更加简单。

硬盘托架如图 2-18 所示。

图 2-17   固定主板

图 2-18   拆卸硬盘托架

（2）在硬盘托架上固定好硬盘,拧紧托架两面的 4 个螺丝,安装方法如图 2-19 所示。

（3）将固定好硬盘的托架放置回机箱原位置卡位,如图 2-20 所示。

图 2-19   安装硬盘

图 2-20   安装硬盘托架

6.安装光驱、电源

（1）安装光驱的方法与安装硬盘的方法大致相同,对于普通的机箱,我们只需要将机箱光驱托架前的面板拆除,并将光驱放入对应的位置,拧紧螺丝即可。安装光驱如图 2-21 所示。

（2）将机箱电源放置到位后,拧紧 4 个固定螺丝即可。安装电源方法如图 2-22 所示。

图 2-21   安装光驱

图 2-22   安装电源

7.安装显卡

用双手轻捏显卡两端,垂直对准主板上的显卡插槽,向下轻压到位后,再用螺丝固定即可。安装方法如图 2-23 所示。

8.连接线缆

（1）连接硬盘电源与数据线接口,右边红色的为 SATA 数据线,黑黄红交叉的是电源线,接口全部采用防"反"式设计,反方向无法插入。安装时将其轻轻按入即可,效果如图 2-24 所示。

图 2-23 安装显卡

图 2-24 连接硬盘数据线和电源线

（2）连接光驱的电源线和数据线时，先从电源引出线中，选择一根 D 型头的插入光驱的电源接口中，再拿出光驱的数据线，一端插入主板中 IDE 接口、一端插到光驱的数据线接口，效果如图 2-25 所示。

（3）目前大部分的主板供电电源接口都采用了 24PIN 的设计，但仍然有些主板为 20PIN。安装时，先从电源引出线中，找到相应连接接头，把它插到主板的电源插座上，让塑料卡子扣紧即可，应注意卡扣的方向，防止电源线接反，连接效果如图 2-26 所示。

图 2-25 连接光驱数据线和电源线

图 2-26 连接主板供电

（4）CPU 供电接口部分采用 4PIN 的加强供电接口设计，某些高端的使用了 8PIN 设计，以提供 CPU 稳定的电压供应。安装时，先从电源引出线中，找到相应连接接头，把它插到主板的 CPU 供电插座上，让塑料卡子扣紧即可，连接效果如图 2-27 所示。

（5）连接前置面板跳线，包括开机、重启、硬盘指示灯、电源指示灯、机箱内置 speaker、前置 USB 接口、前置声音输入/输出接口等。安装时，最好参考主板说明书，首先在主板上找到相应的插针，并查看其标示，再查看主板说明书把机箱内的信号线对应接好，连接效果如图 2-28 所示。

图 2-27 连接 CPU 供电

图 2-28 连接前置面板跳线

（6）各种线缆接好后，对机箱内的各种线缆进行整理、包扎，以提供良好的散热空间，方便日后维护。机箱内部线缆整理如图 2-29 所示。

（7）PS/2 键盘接口在主板的后部，是一个圆形的。键盘插头上有向上的标记，连接时按照正确方向插好即可。连接方法如图 2-30 所示。如果是 USB 接口的键盘，只需把它连接到主板的 USB 接口即可。

图 2-29　机箱内部线缆整理　　　　　图 2-30　连接键盘

（8）PS/2 鼠标接口在主板的后部，是一个圆形的。鼠标插头上有向上的标记，连接时按照正确方向插好即可。连接方法如图 2-31 所示，如果是 USB 接口的鼠标，只需把它连接到主板的 USB 接口即可。

（9）连接显示器的信号线，将 D 型 15 针的信号线接在显示卡上，并拧紧固定螺丝，连接方法如图 2-32 所示。当然，显卡也提供如 HDMI 等其他视频输出接口，根据显示器和显卡接口确定。

图 2-31　安装鼠标图　　　　　图 2-32　连接 VGA 数据线

9. POST 验证组装效果

（1）检查主机内外所有的数据线、电源线、设备、各种接头连接是否正确稳固。

（2）通电，而后按下显示器电源开关、主机电源开关，检查指示灯是否正常，如果听到“嘀”一声，说明主机 POST 通过，若听到其他提示，或没反应，说明硬件连接等方面有故障。关于故障排除将在后续章节详细讲解。

（3）POST 通过并且各指示灯正常，将机箱盖封闭即可。

至此计算机的硬件组装完成，计算机在完成系统和应用软件安装后可正常使用。

2.1.5 任务拓展

PC机的硬件是由许多集成电路板组成,因此防静电、防强电磁干扰、防尘、防水、防雷击、防电压波动大,是保证硬件稳定性能的必要条件。计算机的正常工作环境如下所示。

(1)保持理想的湿度。环境干燥,空气中游离大量的带电离子,易摩擦产生静电。PC机理想的相对湿度为45%~65%,低于30%易产生静电,高于80%电路板表面易结露,引起电子元件的漏电、短路、生锈,从而损坏或者性能不稳定。

(2)PC机应该放置在没有阳光直射、雨淋、温度合适、相对清洁的场所。温度最好为10~30℃,过热引起元器件烧坏、加速老化;过冷电路板表面结露,损害电路板;尘埃过多,易引起电路板短路、接触不良,易吸收空气中的酸性离子腐蚀焊点;清洁卫生最好使用专用设备,最好有空调设备。

(3)PC机的供电电压要求电压波动不要超过±10%,否则必须配置稳压器。电压的波动容易致使元器件损坏,或无法工作;有条件的场所,应使用UPS为PC机进行不间断供电,防止突然停电对存储设备造成的划伤或数据丢失。

(4)防强电磁干扰,防雷击。目前PC机虽具有一定的防电磁干扰能力,但过强的电磁干扰会损坏磁存储介质,造成数据丢失等。PC机应远离强电磁干扰或采取防护措施。使用PC机的场所,避雷装置必须规范,有条件的场所,应外加避雷器。

2.2 项目实训 拆装计算机

2.2.1 项目描述

学校现在有3台配置相同的台式组装机PC1、PC2、PC3,但是PC1的主板和硬盘损坏,PC2内存、硬盘、电源、光驱损坏,PC3的内存、主板损坏。现办公急需使用1台计算机,维护中心教师指派你组迅速将以上3台主机进行重新拼装,应急使用。

2.2.2 项目要求

(1)分别规范拆卸3台计算机的相关配件,并按照良品和残品进行分类存放。
(2)使用以上良品,快速组装一台计算机。
(3)组装后检测连接无误,POST验证板卡及连接正确,以备使用。

2.2.3 项目提示

本项目实训涉及计算机硬件的拆卸和组装,要求操作人员拆卸和组装流程规范,防止由于拆卸和组装对硬件造成二次损伤。这是对一名计算机维护人员的基本要求,规范的操作可以防止硬件损伤,拆卸和组装更是计算机维护人员的日常工作,通过本项目实训使学员规范熟练地掌握计算机的硬件拆装。

2.2.4　项目实施

本项目在设备维修室进行,维修室内拥有多个标准维修台,项目时间为 45 分钟,项目实施采用 3 人一组的方式进行。每个组内的任务自主分配,加强学生知识和技能的职业能力培养,同时,通过团队合作加强学生的通用能力培养,从而提高学生的整体职业素养。

2.2.5　项目评价

表 2-1　项目实训评价表

	内容	评价		
	知识和技能目标	3	2	1
职业能力	熟悉计算机的拆装流程			
	熟悉计算机各配件的接口			
	拆装机的规范化准备			
	熟练地拆卸计算机硬件			
	熟练地组装计算机			
通用能力	语言表达能力			
	组织合作能力			
	解决问题能力			
	自主学习能力			
	创新思维能力			
	综合评价			

项目 3 设置 BIOS

计算机的基本输入/输出系统(Basic Input－Output System,BIOS)的内容集成在计算机主板上的一个 EPROM 芯片上,主要保存计算机系统的基本输入/输出程序、系统信息设置、加电自检(POST)程序和系统启动自举程序等,BIOS 功能在很大程度上决定了主板性能是否优越。

【知识目标】

(1) 理解 BIOS 的功能。

(2) 了解常见的 BIOS 程序。

(3) 了解 BIOS 刷新程序。

【技能目标】

(1) 熟练设置 BIOS。

(2) 熟练更新 BIOS。

3.1 任务 1 设置 BIOS

3.1.1 任务描述

朋友郝志远新购买了裸机(未安装操作系统的计算机),现在向你求助,希望学习对计算机的基础 BIOS 进行设置的各种方法,以便于日后的计算机日常使用和维护。

3.1.2 任务分析

首先根据开机提示设置 BIOS 特殊键(如 F1、F2、Del 等),本任务计算机使用 Del 进入 BI-OS 设置,而后根据朋友要求,对 Phoenix-Award BIOS 的各种设置进行配置和学习,主要包括通用 BIOS 配置、标准 BIOS 配置、高级 BIOS 配置、高级芯片控制、整合周边配置、电源配置、即插即用和总线配置、电脑健康状态监测、频率和电压控制等。

3.1.3 知识必备

1. BIOS 概述

(1) BIOS 的内容集成在微机主板上的一个 EPROM 芯片上,保存计算机系统的基本输入/输出程序、系统信息设置、加电自检(POST)程序和系统启动自举程序等。

(2) BIOS 设置也称为 CMOS 设置,控制着计算机的基本输入/输出、计算机各种硬件设备的实际工作参数、计算机设备的启动顺序、计算机系统的性能优化、计算机系统的初始检测以及各种中断服务和基本故障检测都受到 BIOS 的控制。

(3) CMOS(本意指互补金属氧化物半导体存储器,是一种大规模应用于集成电路芯片制造的原料)是计算机主板上的一块可读写的 RAM 芯片,主要用来保存当前系统的硬件配置和操作人员对某些参数的设定。CMOS RAM 芯片由系统通过一块后备电池供电,即使在关机状态下,CMOS 信息也不会丢失;由于 CMOS RAM 芯片本身只是一块存储器,只具有保存数据的功能,所以对 CMOS 中各项参数的设定要通过专门的程序。多数厂家将 CMOS 设置程序做到了 BIOS ROM 芯片中,在开机时通过按下某个特定键就进入 BIOS 设置。

2. BIOS 的功能

BIOS 功能在很大程度上决定了主板性能是否优越。BIOS 管理功能主要包括 4 种。

(1) BIOS 中断服务程序:BIOS 中断服务程序实质上是微机系统中软件与硬件之间的一个可编程接口,主要用来在程序软件与微机硬件之间实现衔接。例如,DOS 和 Windows 操作系统中对软盘、硬盘、光驱、键盘、显示器等外围设备的管理,都是直接建立在 BIOS 系统中断服务程序的基础上,而且操作人员也可以通过访问 INT5、INT13 等中断点而直接调用 BIOS 中断服务程序。

(2) BIOS 系统设置程序:计算机的设备信息存储在 CMOS EPRAM(可擦写存储器)芯片中,主要保存着系统基本情况、CPU 特性、软硬盘驱动器、显示器、键盘等部件的信息。在 BIOS ROM 芯片中装有"系统设置程序",主要用来设置 CMOS RAM 中的各项参数;BIOS 系统设置程序在开机时按下某个特定键即可进入设置状态,并提供了良好的界面供操作人员使用。CMOS 设置习惯上称为"BIOS 设置"。一旦 CMOS RAM 芯片中配置信息错误,使得系统整体运行性能降低、软硬盘驱动器等部件不能识别,甚至导致严重软硬件故障。

(3) POST 上电自检:计算机加电后,系统首先由上电自检(Power On Self Test,POST)程序来对内部各个设备进行检查。通常完整的 POST 自检将包括对 CPU、640 KB 基本内存、1 MB 以上的扩展内存、ROM、主板、CMOS RAM、串并口、显示卡、软硬盘子系统及键盘进行测试,一旦在自检中发现问题,系统将给出提示信息或鸣笛警告。

(4) BIOS 系统启动自举程序:系统在完成 POST 自检后,BIOS 按照系统 CMOS RAM 设置中保存的启动顺序搜寻软硬盘驱动器及 CD-ROM、网络服务器等有效地启动驱动器,读入操作系统引导记录,然后将系统控制权交给引导记录,并由引导记录来完成系统的顺利启动。

3. 主流 BIOS 程序

主板使用的 BIOS 程序,根据制造商的不同主要有三大类:AWARD BIOS 程序、AMI BIOS 程序、Phoenix BIOS 程序。虽然 AWARD 公司兼并了 Phoenix 公司,在台式计算机主板上标有 Phoenix-Award,但实际还是 AWARD BIOS。Phoenix BIOS 多用于服务器和笔记本式计算机。进入不同厂商的 BIOS 其快捷键不同,一般有 Del 键、F2 键等,具体根据主板提示进行操作。早期的 AWARD BIOS,如图 3-1 所示。常见的 Phoenix-Award BIOS,如图 3-2 所示。常见的 AMI BIOS,如图 3-3 所示。常见的应用于服务器和笔记式计算机的 Phoenix BIOS,如图 3-4 所示。

图 3-1　AWARD BIOS 界面

图 3-2　Phoenix-Award BIOS 界面

图 3-3　AMI BIOS 界面

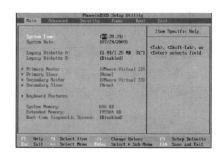

图 3-4　Phoenix BIOS 界面

3.1.4　任务实施

Phoenix-Award BIOS 设置功能键介绍表 3-1 所示。

表 3-1　Phoenix-Award BIOS 功能键

按键	功能
Up	移至上一条目
Down	移至下一条目
Left	移至左边条目(菜单内)
Right	移至右边条目(菜单内)
Enter	进入选中的项目
Pg Up	增加数值或做变更
Pg Dn	减少数值或做变更
+	增加数值或做变更
−	减少数值或做变更
Esc	主菜单:退出且不存储变更至 CMOS 现有页面; 设置菜单和被选页面设置菜单:退出当前画面,回至主菜单
F1	提供设定项目的求助内容
F5	从 CMOS 中加载修改前的设定值
F7	加载最佳默认值
F10	存储设定,退出设定程序

1. 主界面及通用项目

（1）开机提示界面如图 3-5 所示，按 Del 键进入 BIOS 设置（注：本图片仅供参考，具体以实体电脑为准，一般进入 CMOS 设置，常用的按键为 Del、F2、F1 等）。

（2）根据开机提示，如图 3-6 Phoenix-Award BIOS 主界面所示，Phoenix-Award BIOS CMOS 主菜单就会出现于屏幕上。主菜单可让您在一系列系统设置功能和退出方式间进行选择，使用箭头键移入选择项，按 Enter 键接受选择并进入子菜单。

图 3-5　开机提示界面　　　　　图 3-6　Phoenix-AwardBIOS 主界面

（3）设置 Load Optimized Defaults 选项，如图 3-7 所示。若在开机过程中遇到问题，该项可重新设置 BIOS，该值为厂家设定的系统最佳值，输入 Y 并按 Enter 键后执行；

（4）设置 Set Supervisor Password 选项，如图 3-8 所示。设置管理者密码可仅使管理者有权限更改 CMOS 设置，输入密码后需再次确认密码。

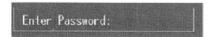

图 3-7　加载默认最佳设置　　　　　图 3-8　管理者密码

（5）设置 Set User Password 选项，如图 3-9 所示。若未设置管理者密码，则用户密码也会起到相同的作用。若同时设置了管理者与用户密码，则使用用户密码只能看到设置数据，而不能对数据做变更，输入密码后需再次确认密码。

（6）设置 SAVE to CMOS and Exit 选项，如图 3-10 所示。存储所有变更至 CMOS（存储器）并退出设置，输入 Y 并按 Enter 键后执行。

图 3-9　用户密码　　　　　图 3-10　保存并退出

（7）设置 Exit Without Saving 选项，如图 3-11 所示。放弃所有变更并退出系统设置，输入 Y 并按 Enter 键后执行。

2. 标准 CMOS 设置

主界面设置 Standard CMOS Features 选项，如图 3-12 所示，设定标准兼容 BIOS 信息，可选项目设置如表 3-2 所示。

图 3-11　不保存退出　　　　　　　　图 3-12　标准 CMOS 设置

表 3-2　标准 CMOS 设置

项目	选项	描述
Date	mm：dd：yy	设定系统日期
Time	hh：mm：ss	设置系统内部时钟
IDE Primary Master	选项位于子菜单	按 Enter 键进入子菜单内详细选项
IDE Primary Slave	选项位于子菜单	按 Enter 键进入子菜单内详细选项
IDE Secondary Master	选项位于子菜单	按 Enter 键进入子菜单内详细选项
IDE Secondary Slave	选项位于子菜单	按 Enter 键进入子菜单内详细选项
Drive A Drive B	360 K,5.25 in 1.2 M,5.25 in 720 K,3.5 in 1.44 M,3.5 in 2.88 M,3.5 in None	选择软驱类型
Video	EGA/VGA CGA 40 CGA 80 MONO	选择预设显
Halt On	All Errors No Errors All,but Keyboard All,but Diskette All,but Disk/Key	选择 POST 中止方式
Base Memory	N/A	显示在开机自检时测出的常规内存容量
Extended Memory	N/A	显示在开机自检时测出的扩展内存容量
Total Memory	N/A	显示系统中总的存储器容量

3. 高级 CMOS 设置

（1）主界面选择 Advanced BIOS Features 选项,高级 BIOS 设置如图 3-13 所示。

（2）执行"高级 CMOS"|"Boot Seq & Floppy Setup"菜单,引导顺序如图 3-14 所示,具体设置如下。

图 3-13　高级 BIOS 设置

图 3-14　引导顺序

- Hard Disk Boot Priority：设置硬盘优先级。
- First Boot/Second Boot/Third Boot/Boot Other Device：BIOS 可从系列备选驱动器中下载操作系统，Floppy，LS120，HDD-0，SCSI，CDROM，HDD-1，HDD-2，HDD-3，ZIP100，LAN，Disabled。
- Swap Floppy Drive：若系统有两软驱，可交换逻辑驱动名的配置，选项包括 Disabled（默认）、Enabled。
- Boot Up Floppy Seek：若软驱有 40 或 80 banks，可对软驱进行检测，关闭此功能可减少开机时间，选项包括 Enabled（默认）、Disabled。
- Report No FDD For WIN 95 选项：No（默认），Yes。

（3）执行"高级 CMOS"|"Boot Seq & Floppy Setup"|"Hard Disk Boot Priority"选项，硬盘引导优先级如图 3-15 所示，主要针对多硬盘引导状况。

（4）设置"高级 CMOS"|"Cache Setup"选项，CPU 缓存设置如图 3-16 所示。CPU L1 & L2 Cache 根据使用的 CPU/芯片组，该功能可以增加内存存取时间，Enabled（默认）激活缓存，Disabled 关闭缓存；CPU L3 Cache 根据使用的 CPU/芯片组，该功能可以增加内存存取时间，Enabled（默认）激活缓存，Disabled 关闭缓存。

图 3-15　硬盘引导优先级

图 3-16　CPU 缓存设置

（5）设置"高级 CMOS"|"CPU Feature"选项，如图 3-17CPU 特性设置所示，各项具体参数如下。

- Delay Prior to Thermal：在指定的时间之后，激活 CPU 过热延迟功能，选项包括 4 Min、8 Min、16 Min（默认）、32 Min。
- Thermal Management：选择监控器的热量管理，选项包括 Thermal Management 1（默认）、Thermal Management 2。
- TM2 Bus Ratio：抑制性能状态的频率总线，在硬模传感器从不热到热的过程中将被启动，选项包括 0 X（默认）、最小＝0、最大＝255，键入一个 DEC。
- TM2 Bus VID：抑制性能状态的电压，在硬模传感器从不热到热的过程中，它将被启动，选项包括最小＝0.8375（默认）、最大＝1.6000。

• Limit CPU ID Max Val：设置 CPU ID Max Val 最大值为3，在 Win XP 里设置为"Disabled"，选项包括 Disabled（默认）、Enabled。

• C1E Function：此项可设定 Enhanced Halt State(C1E) 功能，当系统在闲置时可减少能量消耗，选项包括 Auto（默认）、Disabled。

• Execute Disable Bit：此项允许设置 Execute Disabled Bit 功能，可保护系统免受缓冲器溢出的侵袭，选项包括 Enabled（默认）、Disabled。

• Virtualization Technology VT：可将系统独立分区，当运行虚拟计算机或多界面系统时可增强性能，选项包括 Enabled（默认）、Disabled。

（6）"高级 CMOS"其他设置如下所示。

• Virus Warning：选择病毒警告功能，保护 IDE 硬盘引导扇区。如果激活此功能，当试图修改引导扇区时，BIOS 会在屏幕上显示警告信息，并发出嘀嘀声报警。Enabled 开启病毒保护功能，Disabled（默认）关闭病毒保护功能。

• Hyper-Threading Technology：激活或关闭超线程技术，Windows XP 和 Linux 2.4 x 选择激活（操作系统使超线程技术最优化），其他的操作系统选择关闭（操作系统不能使超线程技术最优化），选项包括 Enabled（默认）、Disabled。

• Quick Power On Self Test：开启此功能可在开机后的自检过程中缩短或略去某些自检项目，Enabled（默认）开启快速自检、Disabled 正常自检。

• Boot Up NumLock Status：开机后选择数字键工作状态，On（默认）表示数字小键盘为数字键、Off 表示数字小键盘为光标控制键。

• Gate A20 Option：选择是由芯片还是由键盘控制器控制，Normal 表示键盘控制、Fast（默认）表示芯片组控制。

• Typematic Rate Setting：击键重复率由键盘控制器决定，此功能被激活时，可选择键入率和键入延时，选项包括 Disabled（默认）、Enabled。

• Typematic Rate(Chars/Sec)：设置键盘被持续按压时，每秒内响应的击键次数，选项包括 6（默认）、8、10、12、15、20、24、30。

• Typematic Delay(Msec)：设置键盘被持续按压时，开始响应连续击键的时间延迟，选项包括 250（默认）、500、750、1000。

• Security Option：只有输入密码才能激活系统和/或使用 CMOS 设置程序时，激活此项，System 为激活系统和存取设置程序都需要密码，也就是开机需要密码验证；Setup（默认）只有在存取设置程序时才使用密码；此功能设置了管理者密码或用户密码后才有效。

• APIC MODE：选择 Enabled 激活 BIOS 到操作系统的 APIC 驱动模式报告，选项包括 Enabled（默认）、Disabled。

• MPS Version Control For OS：BIOS 支持 Intel 多处理器规范 1.1 和 1.4 版本，根据计算机上运行的操作系统，选择支持的版本，选项包括 1.4（默认）和 1.1。

• OS Select For DRAM＞64 MB：当您使用 OS2 操作系统且内存容量小于 64 M 时，可以选择 OS2，否则请选择 Non-OS2 选项。

• Summary Screen Show：此项允许你开启或关闭屏幕显示摘要，选项包括 Disabled，Enabled（默认）。

4. 高级芯片组设置

Advanced Chipset Features（高级芯片组）设置如图 3-18 所示，设定芯片组的特殊高级功能,允许为安装在系统里的芯片组配置一些特殊功能。此芯片组控制总线速度和存取系统内存资源,如 DRAM 和外部存取,同时协调与 PCI 总线的通信。系统默认设置为最优值。除非您确定此设置有误,否则不要去修改它,具体设置如下所示。

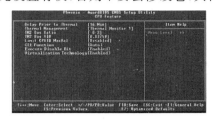

图 3-17 CPU 特性设置

图 3-18 高级芯片组设置

• DRAM Timing Selectable:在安装了同步 DRAM 的情况下,CAS 的反映周期取决于 DRAM 时序,选项包括 By SPD(默认)、Manual。

• CAS Latency Time:在安装了同步 DRAM 的情况下,CAS 的反映周期取决于 DRAM 时序,选项包括 2(默认)、2.5、3。

• Active to Precharge Delay:此项控制 DRAM 时钟到激活预取延时的周期,选项包括 8(默认)、7、6、5。

• DRAM RAS# TO CAS# DELAY:当 DRAM 被写入、读取或更新时,此领域允许在 CAS 和 RAS 信号间插入一个适时延时,周期快,性能更稳定,只有在系统安装了同步 DRAM 时,才可使用此功能,选项包括 4(默认)、3、2。

• DRAM RAS# PRECHARGE:在 DRAM 更新前,如果允许 RAS 的周期不足,那么更新可能不完整,DRAM 未能保留数据,周期快,性能更稳定,只有在系统安装了同步 DRAM 时,才可使用此功能,选项包括 4(默认)、3、2。

• Memory Frequency For:此项可选择 Memory Frequency,选项包括 Auto(默认)、DDR266、DDR300、DDR320、DDR400。

• System BIOS Cacheable:选择此项,可以在 F0000h～FFFFFh 地址下存储系统 BIOS ROM,从而得到更好的系统性能,然而在此储存区的任何程序写入,都可能导致系统错误,选项包括 Enabled(默认)、Disabled。

• Video BIOS Cacheable:选择此项,可以存储视频 BIOS,从而得到更好的系统性能,然而在此储存区的任何程序写入,都可能导致系统错误,选项包括 Disabled(默认)、Enabled。

• Memory Hole At 15M-16M:可以预留系统内存的这块区域给与 ISA 匹配的 ROM,此区域被预留后就不能再进行存储,应根据内存的实际使用情况来考虑使用此区域,选项包括 Disabled(默认)、Enabled。

• AGP Aperture Size(MB):选择图形加速器接口孔径大小,此孔径是 PCI 内存地址留给图形内存地址的空间,符合孔径范围的主周期不需要转换,直接送至 AGP,选项包括 64、4、8、16、32、128(默认)、256。

• Init Display First:你可以决定是优先激活 PCI 插槽还是集成 AGP 芯片,选项包括 PCI Slot(默认)、Onboard/AGP。

5. 整合周边

(1) 主界面设置 Integrated Peripherals 选项,整合周边设置如图 3-19 所示,设定 IDE 驱

动器和可编程 I/O 口。

（2）设置"Integrated Peripherals"|"OnChip IDE Device"选项，IDE 设备如图 3-20 所示，具体设置如下所示。

图 3-19　整合周边设置

图 3-20　IDE 设备

- IDE HDD Block Mode：块模式也称区块转移，多重指令或多重读/写扇区。如果 IDE 设备支持块模式（多数的新设备都支持），选择 Enabled，自动侦测块模式最佳值；选择 Enabled 可自动侦测设备支持的每个扇区的块读/写最佳值。

- IDE DMA Transfer Access：激活或关闭 IDE transfer access，选项包括 Enabled（默认）、Disabled。

- On-Chip Primary/Secondary PCI IDE：激活或关闭主/从 IDE 通道，选项包括 Enabled（默认）、Disabled。

- Primary/Secondary/Master/Slave PIO：IDE PIO（程序化的输入/输出）列表允许为每一个板载 IDE 设备设置一个 PIO 模式（0～4）。模式（0～4）将增加其性能，在自动模式里，系统会自动为每一个设备确定最好的模式，选项包括 Auto（默认）、Mode0、Mode1、Mode2、Mode3、Mode4。

- Primary/Secondary/Master/Slave UDMA：如果系统 IDE 硬件设备支持 Ultra DMA/100，并且操作环境包括一个 DMA 驱动程序（Windows 95 OSR2 或一个 third party IDE bus master driver），硬件设备和系统软件也都支持 Ultra DMA/100，请选择 Auto，让 BIOS 支持，选项包括 Auto（默认）、Disabled。

- On-Chip Serial ATA Setting：Disabled 表示关闭 SATA 控制器，Auto 表示让 BIOS 自动安排，Combined Mode 表示 PATA 和 SATA 每个通道最多可以连接 2 个 IDE 设备，Enhanced Mode 表示 SATA 和 PATA 最多可支持 6 个 IDE 设备，SATA Only 表示 SATA 在传统模式里运行，选项共包括 Default（默认）、Auto、Combined Mode、Enhanced Mode、SATA only。

- Serial ATA Port 0/Port1 Mode：Primary Master（默认）。

（3）设置"Integrated Peripherals"|"Onboard Device"选项，如图 3-21 板载设备所示，具体设置如下所示。

- USB Controller：如果系统含有一个 USB 接口并且有 USB 外部设备，那么激活此项，选项包括 Enabled（默认）、Disabled。

- USB 2.0 Controller：此项允许你激活或关闭 EHCI 控制器。BIOS 可能自身有/无高速 USB 支持，如 BIOS 有内建高速 USB 支持，并附带高速设备时，此时将自动开启，选项包括 Enabled（默认）。

- USB Keyboard Support：是否支持 USB 键盘，Enabled 支持 USB 键盘，Disabled（默

认）不支持 USB 键盘。

- USB Mouse Support：是否支持 USB 鼠标，Enabled 支持 USB 鼠标，Disabled（默认）不支持 USB 鼠标。
- AC97 Audio：是否支持 AC97 音频，选项包括 Auto（默认）、Disabled。
- AC97 Modem：是否支持 AC97 Modem，选项包括 Auto（默认）、Disabled。
- Onboard PCI LAN：激活或关闭板载 PCI LAN，选项包括 Enabled（默认）、Disabled。
- Onboard LAN Boot ROM：是否使用板载网络芯片引导 ROM 的功能，选项包括 Enabled（默认）、Disabled。

（4）设置"Integrated Peripherals"｜"SuperIO Device"选项，输入/输出设备如图 3-22 所示，具体设置如下所示。

图 3-21　板载设备　　　　　　　　　　图 3-22　输入/输出设备

- Onboard FDC Controller：如果系统已经安装了软盘驱动器并且你想使用，请选择激活；若你添加安装 FDC 或系统无软驱，在列表中选择关闭，选项包括 Enabled（默认）、Disabled。
- Onboard Serial Port 1：为主/从串行接口选择一个地址和相应中断，选项包括 Disabled、3F8/IRQ4(default)、2F8/IRQ3、3E8/IRQ4、2E8/IRQ3、Auto。
- Onboard Serial Port 2：为主/从串行接口选择一个地址和相应中断，选项包括 2F8/IRQ3（默认）、Disabled、Auto、3F8/IRQ4、3E8/IRQ4、2E8/IRQ3。
- UART Mode Select：决定使用板载 I/O 芯片的何种红外线功能，选项包括 Normal（默认）、ASKIR、IrDA、SCR。
- UR2 Duplex Mode：选择接至红外线接口的红外线设备的设定值，全双工模式支持同步双向传输，半双工模式在同一时间只支持单向传输，选项包括 Half（默认）、Full。
- Onboard Parallel Port：决定使用哪一个板载 I/O 地址存取板载并行接口控制器，选项包括 378/IRQ7（默认）、278/IRQ5、3BC/IRQ7、Disabled。
- Parallel Port Mode：选项 SPP（默认）表示使用并行接口作为标准打印机接口，EPP 表示使用并行接口作为增强型并行接口，ECP 表示使用并行接口作为扩展兼容接口，ECP＋EPP 表示使用并行接口作为 ECP & EPP 模式。
- ECP Mode Use DMA：为接口选择 DMA 通道，选项包括 3（默认）、1。
- PWRON After PWR-Fail：设定当系统当机或发生中断，是否要重新启动系统，Off（默认）表示保持电源关机状态，On 表示重新启动电脑，Former-Sts 表示恢复系统到意外断电/中断前状态。

6. 电源管理

设置主界面 Power Management Setup 选项，电源管理配置如图 3-23 所示，具体配置如下所示。

- ACPI Function:此项目可显示高级设置和电源管理（ACPI）状态,选项包括 Enabled（默认）、Disabled。

- Power Management:选择省电类型或范围并直接进入 HDD Power Down、Doze Mode、Suspend Mode 模式。

电源管理有四种选择模式,其中三种有安装设定模式。最小节能模式:Doze Mode＝1 hr（休眠模式,hr 为小时）,Standby Mode＝1 hr（待机模式,hr 为小时）,Suspend Mode＝1 hr（挂起模式,hr 为小时）,HDD Power Down＝15 min（min 为分钟）。Max Saving 模式:只适用于 sl CPU 的最大节能管理模式,Doze Mode＝1 min,Standby Mode＝1 min,Suspend Mode＝1 min。HDD Power Down＝1 min。User Defined（默认）模式:允许你分别设定每种省电模式,关闭后每种节能范围为 1～60 分钟,HDD 除外,其范围为 1～15 分钟或不能进入节能状态。

- Video Off Method:此选项决定不使用荧屏时,屏幕的显示风格。V/H SYNC＋Blank 表示关闭显示器的垂直与水平信号输入,并输入空白信号至缓冲器;Blank Screen 表示输入空白信号至影像缓冲器;DPMS（默认）表示显示初始电源管理信号。

- Video Off In Suspend:选择关闭显示器的方法,选项包括 Yes（默认）、No。

- SUSPEND Type:选择 Suspend Type,选项包括 Stop Grant（默认）、PwrOn Suspend。

- Modem Use IRQ:此选项决定 MODEM 所能使用的 IRQ,选项包括 3（默认）、4、5、7、9、10、11、NA。

- Suspend Mode:激活此项,当超过系统设置的静止时间后,硬盘驱动器将被关闭,其他设备仍运作,选项包括 Disabled（默认）、1 Min、2 Min、4 Min、6 Min、8 Min、10 Min、20 Min、30 Min、40 Min、1 Hour。

- HDD Power Down:激活此项,当超过系统设置的静止时间后,硬盘驱动器将被关闭,其他设备仍运作,选项包括 Disabled（默认）、1 Min、2 Min、3 Min、4 Min、5 Min、6 Min、7 Min、8 Min、9 Min、10 Min、11 Min、12 Min、13 Min、14 Min、15 Min。

- Soft-Off by PWR-BTN:系统当机后,按住电源开关 4 s,系统进入软关机状态,选项包括 Delay 4 Sec、Instant-Off（默认）。

- Wake-Up by PCI card:选择 Enable 时,一个来自 PCI 卡的 PME 信号恢复系统到全开机状态,选项包括 Enabled（默认）、Disabled。

- Power On by Ring:在串行铃声指示器（RI）线上的一个输入信号（换句话说,就是 modem 的预警）,将系统从软关机状态下唤醒,选项包括 Enabled（默认）、Disabled。

- Resume by Alarm:此功能是设置电脑开机日期和时间,在关闭期间,你不能使用此功能,在激活期间,选择日期和时间,选项包括 Disabled（默认）、Enabled。

- Date(of Month)Alarm:选择系统将在哪个月引导。

- Time(hh:mm:ss)Alarm:选择系统引导的具体时间,小时/分/秒。

注意:如果你修改了设置,那么在此功能生效之前,必须重新引导系统并进入操作系统。

- Reload Timer Events（重装计时器事件）有三个选项:Primary/Secondary IDE 0/1 选择激活或关闭主要的或次要的 RAID 0 或 RAID 1,选项包括 Disabled（默认）、Enabled;FDD,COM,LPT Port 选择激活或关闭 FDD,COM 和 LPT 端口,选项包括 Disabled（默认）、Enabled;PCI PIRQ［A-D］♯选择激活或关闭 PCI PIRQ［A-D］♯,选项包括 Disabled（默认）、Enabled。

7. 即插即用和总线配置

配置主界面 PnP/PCI Configrations 选项,即插即用和总线配置如图 3-24 所示,具体配置如下所示。

图 3-23　电源管理配置

图 3-24　即插即用和总线配置

- Reset Configuration Data:系统 BIOS 支持 PnP,此功能要求系统记录设定的资源并保护资源,每一周边配置都有一称为 ESCD 的节点,此节点记录每一设定资源,系统需要记录并更新 ESCD 在内存的位置,这些位置(4K)保留在系统 BIOS 里。如果选择 Disabled(默认值),那么系统 ESCD 只有在最新配置与上一次相异时才会更新;如果选择 Enabled,那么会迫使系统更新,然后自动设定在"Disabled"模式。在 Resources Controlled by function 内选择"Manual",上述信息会出现在屏幕上,Legacy 表明资源被分配至 ISA 总线,且传送至不具 PnP 功能的 ISA 附加卡,PCI/ISAPnP 表明资源被分配至 PCI 总线或传送给 ISA PnP 附加卡和外围设备,选项包括 Disabled(默认)、Enabled。

- Resources Controlled By:选择 Auto(ESCD)(默认),系统 BIOS 会检测系统资源并自动分配相关的 IRQ 和 DMA,通道给接口设备,通过选择 Manual,用户需要为每一个附加卡分配 IRQ 和 DMA,确保 IRQ/DMA 和 I/O 接口没有冲突。

- IRQ Resources:依据设备使用的中断类型,你可以对每一个系统中断类型进行分配。键入"Press Enter"可进入设置系统中断的子菜单。只有在'Resources Controlled By'被设置成'Manual'时才可以进行配置。分配给 PCI Device 的中断号有 IRQ-3、IRQ-4、IRQ-5、IRQ-7、IRQ-9、IRQ-10、IRQ-11、IRQ-12、IRQ-14、IRQ-15。

- PCI/VGA Palette Snoop:可选择激活或关闭操作,一些图形控制器会将从 VGA 控制器发出的输出映像到显示器上,以此方式来提供开机信息。若无特殊情况,请遵循系统默认值。另外,来自 VGA 控制器的色彩信息会从 VGA 控制器的内置调色板生成适当的颜色,图形控制器需要知道在 VGA 控制器调色板里的信息,因此 non-VGA 图形控制器通过看 VGA 调色板的显存记录窥探数据。在 PCI 系统中,当 VGA 控制器在 PCI 总线上并且 non-VGA 控制器在 ISA 总线上,如果 PCI VGA 控制对写入有反应,则调色板的写入缓存信息不会显示在 ISA 总线上。PCI VGA 控制器将不对写入做答复,只窥探数据,并允许存取到前置 ISA 总线。Non-VGA ISA 图形控制器可以窥探 ISA 总线的数据,除了以上情况,请关闭此选项,Disabled(默认)关闭此功能,Enabled 激活此功能。

8. 电脑健康状态

设置主界面 PC Health Status 选项,如图 3-25 电脑健康状态所示,具体配置如下。

- Shutdown Temperature:设置 CPU 当机温度,此项功能只有在 Windows 98 ACPI 模式下有效,选项包括 60℃/140℃、65℃/149°F、70℃/140℃、Disabled(默认)。

- SYS FAN Control by:此选项中的 SMART 可使 CPU 风扇减少噪音,选项包括

SMART(默认)、Always On。

- CPU Fan Off<℃>:如 CPU 温度低于设定值,风扇将关闭,选项为16(默认)。
- CPU Fan Start<℃>:当温度达到设定值,CPU 风扇开始在智能风扇功能下运行,选项为32(默认)。
- CPU Fan Full speed <℃>:当 CPU 温度达到设定值,CPU 风扇将全速运行,选项为52(默认)。
- Start PWM Value:当 CPU 温度达到设定值,CPU 风扇将在智能风扇功能模式下运行,范围在 0~127 之间,间隔为1,选项为32(默认)。
- Slope PWM:增加倾斜 PWM 值将提高 CPU 风扇速度,选项包括 1 PWM Value/℃(默认)、2 PWM Value/℃、4 PWM Value/℃、8 PWM Value/℃、16 PWM Value/℃、32 PWM Value/℃、64PWM Value/℃。
- CPU Vcore(电压设置):VDD Voltage,+3.3 V,+5.0 V,+12.0 V,Voltage Battery 自动检测系统电压状况。
- Current CPU Temp:显示当前 CPU 温度。
- Current CPU FAN Speed:显示当前的 CPU 风扇转速。
- Current SYS FAN Speed:显示当前系统风扇转速。
- Show H/W Monitor in POST:若您的计算机内含有监控系统,则其在开机自检过程中显示监控信息。此项可让您进行延时选择,选项包括 Enabled(默认)、Disabled。

9. 频率电压控制

设置主界面 Frequency/Voltage Control 选项,如图 3-26 频率电压控制所示,具体配置如下。

- CPU Clock Ratio:选项包括 8 X(默认),最小=8,最大=50,键入一个 DEC。
- Auto Detect PCI Clk:激活或关闭自动检测 PCI 时钟,选项包括 Enabled(默认)、Disabled。
- Spread Spectrum:激活或关闭展开频谱的功能,选项包括 Enabled(默认)、Disabled。
- CPU Clock:选择 CPU 时钟或 CPU 超频,选项包括 100(默认),最小=100,最大=255,键入一个 DEC。

警告:若选择的系统频率无效,则可有两种开机方式。方法 1:设置 JCMOS1〔(2-3) closed〕为"ON"的状态,清空 CMOS 资料,所有 CMOS 数据被设为默认值;方法 2:同时按住 Insert 键和电源按钮,持续按住 Insert 键直至开机屏幕显示,此操作根据处理器的 FSB 将重新激活系统。建议您将 CPU 核心电压和时频设置为默认值,如果不是默认设置,则会对您的 CPU 和 M/B 造成损害。

图 3-25　电脑健康状态

图 3-26　频率电压控制

3.1.5　任务拓展

1. 常见 BIOS 故障提示

（1）AWARD BIOS 自检响铃含义

1 短：系统正常启动。

2 短：常规错误，请进入 CMOS Setup，重新设置不正确的选项。

1 长 1 短：RAM 或主板出错。换一条内存试试，若还是不行，只能更换主板。

1 长 2 短：显示器或显示卡错误。

1 长 3 短：键盘控制器错误，检查主板。

1 长 9 短：主板 Flash RAM 或 EPROM 错误，BIOS 损坏。可以换 Flash RAM 试试。

不断地响（长声）：内存条未插紧或损坏。重插内存条，若还是不行，只能更换一条内存。

不停地响：电源、显示器未和显示卡连接好。应检查所有的插头。

重复短响：电源有问题。

无声音无显示：电源有问题。

（2）AMI BIOS 自检响铃含义

1 短：内存刷新失败。需更换内存条。

2 短：内存 ECC 校验错误。在 CMOS Setup 中将内存关于 ECC 校验的选项设为 Disabled 就可以解决，不过最根本的解决办法还是更换一条内存。

3 短：系统基本内存（第 1 个 64 KB）检查失败。需换内存。

4 短：系统时钟出错。

5 短：中央处理器（CPU）错误。

6 短：键盘控制器错误。

7 短：系统实模式错误，不能切换到保护模式。

8 短：显示内存错误。显示内存有问题，更换显卡试试。

9 短：ROM BIOS 检验和错误。

1 长 3 短：内存错误。内存损坏，更换即可。

1 长 8 短：显示测试错误。显示器数据线没插好或显示卡没插牢。

（3）Phoenix BIOS 自检响铃含义

1 短：系统启动正常

1 短 1 短 2 短：主板错误。

1 短 1 短 4 短：ROM BIOS 校验错误。

1 短 2 短 2 短：DMA 初始化失败。

1 短 3 短 1 短：RAM 刷新错误。

1 短 3 短 3 短：基本内存错误。

1 短 4 短 2 短：基本内存校验错误。

3 短 2 短 4 短：键盘控制器错误。

3 短 4 短 2 短：显示错误。

4 短 2 短 2 短：关机错误。

1 短 1 短 3 短：CMOS 或电池失效。

1 短 2 短 1 短：系统时钟错误。

1 短 3 短 2 短：基本内存错误。

2 短 1 短 1 短：前 64 K 基本内存错误。

3 短 1 短 2 短：主 DMA 寄存器错误。

3 短 4 短 3 短：时钟错误。

2．CMOS 常见错误和解决方法

（1）CMOS battery failed（CMOS 电池失效）

原因：说明 CMOS 电池的电力已经不足，请更换新的电池。

（2）CMOS check sum error-Defaults loaded（CMOS 执行全部检查时发现错误，载入预设的系统设定值）

原因：通常发生这种状况都是因为电池电力不足造成，可以先换个电池试试看，如果问题依然存在的话，那就说明 CMOS RAM 可能有问题，需要更换。

（3）Press ESC to skip memory test（内存检查，可按 ESC 键跳过）

原因：没有设定快速加电自检、开机执行内存的测试。如果不想等待，可按 ESC 键跳过或到 CMOS 内开启 Quick Power On Self Test。

（4）secondary Slave hard fail（检测从盘失败）

原因：CMOS 设置不当（没有从盘但在 CMOS 里设有从盘），硬盘的电源线、数据线可能未接好或者硬盘跳线设置不当。

（5）Override enable-Defaults loaded（当 CMOS 设定无法启动系统，载入 BIOS 预设值以启动系统）

原因：CMOS 设定与本机不兼容（如内存只能工作在 100 MHz 但设置为 133 MHz），进入 BIOS 设定重新调整即可。

（6）Press TAB to show POST screen（按 TAB 键可以切换屏幕显示）

原因：OEM 厂商会以自己设计的显示画面来取代 BIOS 预设的开机显示画面，而此提示就是提示可以按 TAB 把厂商的自定义画面和 BIOS 预设的开机画面进行切换。

3．BIOS 密码去除方法

方法一：断开主机电源，戴好防静电手套打开机箱，将对 CMOS RAM 供电的纽扣电池拿下，1 分钟再装回原位。

方法二：断开主机电源，戴好防静电手套打开机箱，将对 CMOS 供电的跳线帽跳到标识为 clear CMOS 的位置，6 秒钟后再跳回到 CMOS battery 位置。

方法三：若未设置开机密码验证，可在 DOS 提示符下输入

```
Debug
-o 70 16
-o 71 34
-quit
```

方法四：上网寻找该型号主板 BIOS 的万能密码。

4．UEFI

UEFI，全称为统一的可扩展固件接口（Unified Extensible Firmware Interface），是为了提供一组在操作系统加载前在所有平台上一致的、正确指定的启动服务，随着硬件技术的迅速发展，传统式（Legacy）BIOS 成为瓶颈，UEFI 被看作继任者，如图 3-27 和图 3-28 所示为华硕和

华擎主板的基于通用的 AMI UEFI 开发的企业个性化 UEFI 设置界面。

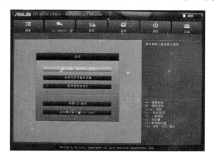
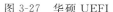

图 3-27   华硕 UEFI

图 3-28   华擎 UEFI

UEFI 是由 EFI1.10 为基础发展起来的,最早是由 Intel 提出的 PC 固件体系结构、接口和服务的建议标准,现在由 Unified EFI Form 的国际组织管理,贡献者有 Intel、Microsoft、AMI 等,属于 Open Source,目前版本为 2.3.1。与 legacy BIOS 的区别包括以下几个方面。

- 编码 99% 都是由 C 语言完成;
- 摒弃以中断、硬件端口操作的方法,而采用了 Driver/protocol 的新方式;
- 不支持 X86 实模式,而直接采用 Flat mode;
- 输出不再是纯二进制码,改为 Removable Binary Drivers;
- OS 启动不再是调用 Int19,而是直接利用 protocol/device Path;
- 对于第三方的开发,前者基本上做不到,除非参与 BIOS 的设计。即使这样,也还要受到 ROM 大小的限制,而后者就便利多了。
- 弥补 BIOS 对新硬件的支持不足的毛病;
- 与 BIOS 显著不同的是,UEFI 是用模块化、C 语言风格的参数堆栈传递方式、动态链接的形式构建系统,它比 BIOS 更易于实现,容错和纠错特性也更强,从而缩短了系统研发的时间。更加重要的是,它运行于 32 位或 64 位模式,突破了传统 16 位代码的寻址能力,达到处理器的最大寻址,此举克服了 BIOS 代码运行缓慢的弊端。

UEFI 能得到众多厂商的支持,其图形化的 UEFI 主要由 UEFI 初始化模块、UEFI 驱动执行环境、UEFI 驱动程序、兼容性支持模块、UEFI 高层应用和 GUID 磁盘分区组成。

UEFI 机型在未来将占主导地位,微软要求在安装了 SSD 硬盘的电脑中,启动时间不得大于 2 s,在安装了 2.5 寸的 HDD 中,启动时间不得大于 4 s,否则厂商不能拿到微软 Windows 8 的 LOGO。

3.2   任务 2   更新 BIOS

3.2.1   任务描述

智博公司有台旧电脑使用 AWARD BIOS,现在对于新设备的支持性能不好,硬件兼容性能不强,在主板厂商网站上看到有该型号主板最新发布的 BIOS 程序,网管中心委托你进行 BIOS 更新。

3.2.2 任务分析

首先登录主板厂商的网站下载新版的 BIOS 程序和 BIOS 更新升级程序,并下载存储在 FAT32 分区,本任务存储在 C:\bios 文件夹下,而后找一张具有 DOS 启动功能的光盘/U 盘,修改 BIOS 设置的设备启动顺序,将光驱/U 盘设置为第一启动设备,而后光盘/U 盘引导到 DOS 系统,运行 awdflash.exe 按提示进行 BIOS 备份和更新。

3.2.3 知识必备

1. BIOS 刷新概述

BIOS 刷新程序是专门针对主板 BIOS 刷新的程序,目前主板 BIOS 共分为 AWARD、AMI、Phoenix 三种版本。需要注意的是一定要用原厂的 BIOS 写入程序,一般厂商的网址都随 BIOS 程序提供 BIOS 写入程序。

刷新程序并不是高版本的兼容性就最好;对于选择刷新程序的版本,要根据自己 BIOS 日期来判断,选择对应的适合的刷新程序。如果运行刷新程序检测不到 BIOS 芯片型号及主板芯片组型号,那一定不要进行备份或刷新操作,此时,要更换一下刷新程序的版本,以找到适合于主板 BIOS 的刷新程序。

AWARD BIOS 的刷新程序——Awdflash.exe,AWARD BIOS 程序文件都是以“.bin”为扩展名的文件,可在主板供应商网站下载最新 BIOS 程序和刷新程序,直接使用带参数 Awdflash * *.bin/cc/cp/cd 会直接进入备份 BIOS 界面,使用 Awdflash new.bin/cc/cd/cp/sn/py 会自动完成 BIOS 的刷新操作并重新启动,但是需要确保使用的更新文件完全匹配 Awdflash old.bin/cc/cp/cd 之后(请注意 BIOS 文件名与参数之间需留有一空格),之后按提示操作即可。

2. AWARD BIOS DOS 版刷新程序 Awardflash 参数详解

• /?:显示帮助信息

• /PY 或者/PN:通过这两项让用户选择“是”(按 Y 键)或者“否”(按 N 键)更新 BIOS。使用参数/PN 可以禁止 FlashROM 被更新,这样就可以仅仅保存当前版本的 BIOS 或者得到校验值而更新 BIOS。一般默认为/PY 模式。

• /SY 或者/SN:通过这两项让用户选择“是”(按 Y 键)或者“否”(按 N 键)保存以前版本的 BIOS。一般使用/SY 来选择保存旧版本的 BIOS。在批处理文件中使用/SN 参数可以自动进行 BIOS 更新而不必让用户进行选择。

• /CC:更新完 BIOS 之后清空 CMOS。一般新的 BIOS 可能会有不同于原来的 CMOS 设置,所以使用这个参数一般可以避免此种情况下出现的意想不到的问题。当然也可以不使用这个参数,在更新完毕后关上计算机,然后使用主板上清空 CMOS 跳线来进行这项操作,不过用前者更简单方便。

• /CP:表示在更新 BIOS 之后清空 PnP(ESCD)数据阵列。一般的 PnP 设备信息都储存在 ESCD 中。/CP 参数等同于重置 CMOS 设置中的 PnP/PCI 配置数据。这个参数对于安装了新的符合 PnP 规范的板卡时有特殊意义。

• /CD：表示在更新 BIOS 之后清空 DMI 数据信息。单从字面上理解，DMI 就是一个数据库，容纳着系统的所有信息。使用这个参数比前面提到的/CP 和/CC 参数更加有效，特别是在多个系统设备改变的情况下。

• /SB：表示不刷新 BootBlock。BootBlock 是启动时首先被定位的单元，一般不需要更改，除非主板制造商特别说明，一般不需要刷新 BootBlock。特别是当 BIOS 更新失败后，它是通过软件恢复 BIOS 的一点希望。在部分主板上有 BootBlock 保护跳线。当保护起作用时，如果没有使用/SB 参数来刷新 BIOS，那么系统在刷新时很可能会出现错误。

• /SD：表示将 DMI 数据存为一个文件。

• /R：表示刷新后系统自动重新启动。这个参数在制作批处理文件时特别有用。

• /Tiny：表示调用少量内存。当不使用这个参数的时候，AwardFlash 工具会把所有需要写入 BIOS 的文件都提前存放到内存中。如果看到"Insufficient Memory"（内存不足的提示），那么使用这个参数或许能解决问题。使用这个参数，刷新程序将会一部分一部分地调用 BIOS。

• /E：表示刷新完 BIOS 之后返回 DOS。例如，需要确认一下以前版本的 BIOS 是否被保存了。

• /LD：表示刷新之后清空 CMOS 并且不显示"Press F1 to continue or DEL to setup"这条信息。同/CC 不同，这个参数在清空 CMOS 之后的下一次启动时不显示这条信息，表示将使用默认的设置值。

• /CKS：表示显示校验 XXXXh 文件。校验的结果将以十六进制数表示法显示。

• /CKSxxxx：表示用 XXXXh 来对比校验。如果校验结果不同，将看到如下信息："The program file's part number does not match with your system"，在主板厂商的站点一般可以查到相应的 XXXXh 值。

3. DOS 相关知识

DOS 曾经在 Windows 之前是非常流行的操作系统，现在由于基于桌面的操作系统的流行，熟悉和使用 DOS 的人逐渐减少，但作为高级的计算机维护人员、计算机网络维护人员，熟练地掌握 DOS 常用命令还是非常必要的，DOS 提供了从文件管理、目录管理、用户管理、网络管理等多方面的功能。常用的 DOS 命令及其解释如下所示。

（1）创建目录，使用 MD、MKDIR 命令。

（2）CD 显示当前目录的名称或将其更改，使用 CD 命令，其详细参数和解释如下所示。

cd [/d] [drive：][path]

cd..指定要改变到父目录。

cd\　返回根目录。

键入 cd 驱动器：显示指定驱动器中的当前目录。

不带参数只键入 cd，则显示当前驱动器和目录。

使用/d 命令选项，除了改变驱动器的当前目录之外还可改变当前驱动器。

cd..返回到上级目录。

cd \返回到根目录。

盘符的切换直接输入盘符和冒号，例如当前为 c：\切换到 D 盘方法 d：。

（3）删除文件,使用 DEL 命令,其详细参数和解释如下所示。

```
DEL [/P] [/F] [/S] [/Q] [/A[[:]attributes]] names
ERASE [/P] [/F] [/S] [/Q] [/A[[:]attributes]] names
```

names:指定一个或数个文件或目录列表。通配符可被用来删除多个文件。如果指定了一个目录,目录中的所有文件都会被删除。

/P:删除每一个文件之前提示确认信息。

/F:强制删除只读文件。

/S:从所有子目录删除指定文件。

/Q:安静模式。删除全域通配字符时,不要求确认。

/A:根据属性选择要删除的文件。

attributes:R 为只读文件、S 为系统文件、H 为隐藏文件、A 为存档文件、-表示"否"的前缀

（4）显示一个目录中的文件和子目录,使用 DIR 命令,其详细参数和解释如下所示。

```
DIR [drive:][path][filename] [/A[[:]attributes]] [/B] [/C] [/D] [/L] [/N]
[/O[[:]sortorder]] [/P] [/Q] [/S] [/T[[:]timefield]] [/W] [/X] [/4]
```

[drive:][path][filename] 指定要列出的驱动器、目录和/或文件。

/A:显示具有指定属性的文件。

attributes:D 为目录、R 为只读文件、H 为隐藏文件、A 为准备存档的文件、S 为系统文件、-表示"否"的前缀。

/B:使用空格式(没有标题信息或摘要)。

/C:在文件大小中显示千位数分隔符。这是默认值。用/-C 来停用分隔符显示。

/D:跟宽式相同,但文件是按栏分类列出的。

/L:用小写。

/N:新的长列表格式,其中文件名在最右边。

/O:用分类顺序列出文件。

sortorder:N 为按名称(字母顺序)、S 为按大小(从小到大)、E 为按扩展名(字母顺序)、D 为按日期/时间(从早到晚)、G 为组目录优先、-表示颠倒顺序的前缀。

/P:在每个信息屏幕后暂停。

/Q:显示文件所有者。

/S:显示指定目录和所有子目录中的文件。

/T:控制显示或用来分类的时间字符域。

timefield:C 为创建时间、A 为上次访问时间、W 为上次写入的时间。

/W:用宽列表格式。

/X:显示为非 8dot3 文件名产生的短名称。格式是/N 的格式,短名称插在长名称前面。如果没有短名称,在其位置则显示空白。

/4:用四位数字显示年。

dir/a:列当前目录所有文件(含隐含及系统文件)。

dir/ah:列隐含文件(包含隐含的子目录)

dir/as:列系统文件。

dir/ad:列子目录。

dir/o:按字母顺序。

dir/B:只显示文件名与扩展名。

(5)复制文件,使用 COPY 命令,其详细参数和解释如下所示。

COPY [/V][/N][/Y |/-Y][/Z][/A |/B]source[/A |/B]

　　[＋source[/A |/B][＋...]][destination[/A |/B]]

source:指定要复制的文件。

/A:表示一个 ASCII 文本文件。

/B:表示一个二进位文件。

destination:为新文件指定目录和/或文件名称。

/V:验证新文件写得正确。

/N:当复制一份带有非 8dot3 名称的文件,如果可能的话,使用短文件名。

/Y:取消提示以确认您希望改写一份现存目录文件。

/-Y:引起提示确认您想改写一份现存目标文件。

/Z:用可重新启动模式复制已联网的文件。

命令选项/Y 可以在 COPYCMD 环境变量中预先设定。这可能会被命令行上的/-Y 替代。除非 COPY 命令是在一个批文件脚本中执行的,默认应为在改写时提示。要附加文件,请为目标指定一个文件,为源指定数个文件(用通配符或 file1＋file2＋file3 格式)。

copy/y:不加提示,对所有文件加以覆盖。

/-y:加以提示,对所有文件(yes 或 no 提问)/v 拷贝以后加以校验/B 按二进制进行显示。

copy con w1.txt:在当前目录创建 w1.txt 文件。

copy 文件名＋con:向文本文件中追加命令或内容。

copy con 文件名:创建文本文件(F6 或者 ctrl＋z 存盘退出)。

copy con prn:检测打印机的开关。

(6)显示或设置日期,使用 DATE 命令,其详细解释如下所示。

DATE　[/T | date]

仅键入 DATE 而不加参数,可以显示当前日期设置,并且提示您输入新的日期。按 EN-TER 键即可保持原有日期。如果命令扩展名被启用,DATE 命令会支持/T 命令选项;该命令选项告诉命令只输出当前日期,但不提示输出新日期。

(7)显示或设置系统时间,使用 TIME 命令,其详细参数和解释如下所示。

TIME [/T | time]

仅键入 TIME 而不加参数,可以显示当前的时间设置,并提示您输入新的时间设置。按 ENTER 键即可保持原有时间。如果命令扩展名被启用,DATE 命令会支持/T 命令选项;该命令选项告诉命令只输出当前时间,但不提示输出新时间。

(8)移动目录,使用 MOVE 命令,其详细参数和解释如下所示。

要移动至少一个文件:

MOVE [/Y|/-Y][drive:][path]filename1[,...] destination

要重命名一个目录:

MOVE [/Y|/-Y][drive:][path]dirname1 dirname2

[drive:][path]filename1:指定您想移动的文件位置和名称。

destination:指定文件的新位置。目标可包含一个驱动器号,和冒号、一个目录名或组合。如果只移动一个文件并在移动时将其重命名,您还可以包括文件名。

[drive：][path]dirname1：指定要重命名的目录。

dirname2：指定目录的新名称。

/Y：取消确认改写一个现有目标文件的提示。

/-Y：对确认改写一个现有目标文件发出提示。

命令选项/Y：可以出现在 COPYCMD 环境变量中。这可以用命令行上的/-Y 替代。

默认值：除非 MOVE 命令是从一个批脚本内执行的，改写时都发出提示。

（9）删除目录，使用 RD 命令，其详细参数和解释如下所示。

RMDIR［/S］［/Q］［驱动器：］路径

　RD［/S］［/Q］［驱动器：］路径

/S：除目录本身外，还将删除指定目录下的所有子目录和文件。用于删除目录树。

/Q：安静模式，加/S 时，删除目录树结构不再要求确认。

3.2.4　任务实施

（1）到主板厂商网站下载 AWARD BIOS 的刷新程序和 BIOS 程序（命名为 new），保存在硬盘的 FAT32 分区 c:\bios 文件夹中，存储 BIOS 更新程序如图 3-29 所示。

（2）重启计算机，修改 BIOS 设置，将第一引导设备设置为光驱 U 盘，DOS 引导后提示界面如图 3-30 所示。

图 3-29　存储 BIOS 更新程序

图 3-30　DOS 引导后提示界面

（3）使用 DOS 命令切换到 C 盘 BIOS 目录，切换目录界面如图 3-31 所示。输入 C:回车，切换磁盘；输入 cd bios 回车，切换目录。

（4）输入命令 Awdflash.exe 如图 3-32 所示。

图 3-31　切换目录界面

图 3-32　输入 Awdflash.exe

（5）Awdflash 程序主界面如图 3-33 所示。程序显示 Awdflash 程序版本号、BIOS 版本号、最后更新日期以及 File name to Program:输入更新程序的名称，扩展名为 *.bin。

（6）输入更新程序的文件名称，如图 3-34 所示。同时软件系统提示是否备份旧版 BIOS 文件（建议备份），Y：备份原程序码，N：不备份。

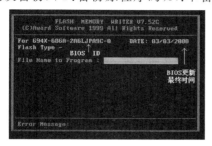

图 3-33 Awdflash 程序主界面　　　　图 3-34 输入更新程序文件名

（7）键入"Y"后，系统提示输入备份文件名称，如输入 old.bin，如图 3-35 所示。

（8）键入"Y"后，系统考试备份，备份文件保存在当前目录下，BIOS 备份界面如图 3-36 所示。

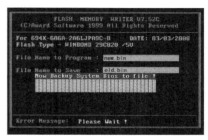

图 3-35 输入备份文件名称　　　　图 3-36 BIOS 备份界面

（9）严重警告，在刷新工作运行之前，刷新程序会对新的 BIOS 包与原主板进行校验，如果屏幕提示"The Program Files Part Number doesn't match with your system"时，如图 3-37 所示，就千万不要按 Y 进行刷新了，因为刷新程序经过校验认为该款 BIOS 指令并不符合您的主板使用，强行刷新后会有不可预见的问题，系统崩溃无法引导。

（10）系统询问确定把更新 BIOS 程序码写入 BIOS ROM 中吗？输入 Y 后，将执行写入程序。更新确认提示界面如图 3-38 所示。

图 3-37 程序不匹配提示界面　　　　图 3-38 更新确认提示界面

（11）刷新过程中，如图 3-39 所示，有两条进度条进行提示，三种提示颜色。白色网格为刷新完成部分；蓝色网格为不需要刷新部分；红色网格为刷新错误。若 BIOS 刷新过程中出现红色网格，那就千万不要轻易重新启动，一定要退出刷新程序再重新进行刷新工作，直到完全正确为止；刷新过程中，避免断电或重启，否则系统将彻底崩溃。BIOS 刷新完成后，若刷新操作完全正确，按 F1 键重新启动；若刷新过程中存在一些错误或不当，按 F10 退出返回至 DOS 状态，然后再按照上述的操作过程重新刷新。

（12）刷新正确完成后，重启计算机进入 BIOS 进行验证，重启后进入计算机系统，新旧程序文件如图 3-40 所示。

图 3-39　BIOS 更新界面

图 3-40　BIOS 新旧程序文件

3.2.5　任务拓展

基于 Windows 平台的 BIOS 升级与更新。

1. 概述

目前多数 BIOS 已经支持基于 Windows 的升级与更新，如 A ward BIOS 的 WinFlash，AMI BIOS 的 AFU Win，Phoenix BIOS 的 Phoenix Secure WinFlash 等，有些主板厂家如华硕、技嘉等提供自己主板专用 BIOS 更新程序。

2. A ward BIOS 的 WinFlash 备份升级演示

主程序窗口中指定更新模块以及更新模块的更新显示，注 Boot Block 为引导模块，最好不要更新，否则系统可能无法引导，WinFlash 主界面如图 3-41 所示。

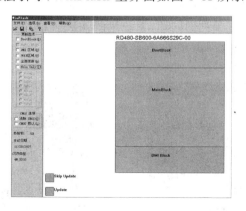

图 3-41　WinFlash 主界面

执行菜单命令——备份旧的 BIOS，而后在文件保存对话框指定保存位置和名称。WinFlash 备份 BIOS 界面如图 3-42 所示。

执行菜单命令——更新 BIOS，而后在文件查找对话框指定新版 BIOS。WinFlash 更新 BIOS 界面如图 3-43 所示。

图 3-42 WinFlash 备份 BIOS 界面

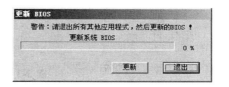

图 3-43 WinFlash 更新 BIOS 界面

3.3 项目实训 综合应用 BIOS

3.3.1 项目描述

公司现购置了 3 台电脑未有任何设置,PC1 使用了 AMI BIOS,PC2 使用了 Phoenix-Award BIOS,PC3 使用了 Phoenix BIOS,要求在 BIOS 中核对三台电脑的 CPU、内存、硬盘信息,设置三台电脑的日期、时间,启动顺序设置为光驱、BIOS 密码验证、开机密码验证;同时还有 1 台旧电脑 PC4 的 BIOS 为 Phoenix-Award BIOS,现在需要升级 BIOS 程序。

3.3.2 项目要求

(1) 根据 PC1、PC2、PC3 三个不同版本的 BIOS 信息栏目,查看 CPU、硬盘、内存配置。

(2) 分别设置 PC1、PC2、PC3 三台计算机的日期、时间、第一启动顺序、BIOS 密码验证、开机密码验证,并核对设置。

(3) 到主板厂商网站下载 BIOS 程序和升级程序,并进行升级。

3.3.3 项目提示

本项目实训涉及的内容多,要求设置的 BIOS 程序多样,要求计算机维护人员有一定的英语识别能力。本项目实训是计算机维护的高级应用,对计算机维护人员有较高要求,但是通过该项目实训,计算机维护人员就可以轻松自如地应对几乎所有流行 BIOS 的设置、升级和更新。

3.3.4 项目实施

本项目在维修机房进行,要求拥有含 DOS 系统的启动光盘/U 盘,项目时间为 60 分钟,项目实施采用 3 人一组的方式进行。每个组内的任务自主分配,加强学生知识和技能的职业能力培养,同时,通过团队合作加强学生的通用能力培养,从而提高学生的整体职业素养。

3.3.5 项目评价

表3-3 项目实训评价表

	内容	评价		
	知识和技能目标	3	2	1
职业能力	了解常见 BIOS 程序			
	理解 BIOS 的主要功能			
	熟练使用 AMI BIOS			
	熟练使用 Phoenix-Award BIOS			
	熟练使用 Phoenix BIOS			
通用能力	语言表达能力			
	组织合作能力			
	解决问题能力			
	自主学习能力			
	创新思维能力			
综合评价				

项目 4 制作启动盘

启动光盘或 U 盘是操作系统和维护工具的主要承载手段,通过它可以将操作系统安装到目标计算机的本地硬盘,修改本地硬盘的分区,并在本地硬盘操作系统崩溃时,加载如 DOS、Windows PE 等以光盘或 U 盘为载体的系统,实现本地数据的转移,修复本地硬盘分区表等。

【知识目标】

（1）了解启动盘的工作原理。

（2）熟悉常用的启动光盘制作工具。

（3）熟悉常用的启动 U 盘制作工具。

【技能目标】

（1）制作启动光盘。

（2）制作启动 U 盘。

4.1 任务 1 制作启动光盘

4.1.1 任务描述

穆东强是电脑维护人员,经常需要维护计算机系统,他可以使用微软原版程序安装系统,但是有时计算机系统维护时却受到缺少维护工具的困扰,为此他希望搜集一些常用的维护工具并刻录成集成化的启动光盘。

4.1.2 任务分析

启动光盘是安装和维护计算机系统的常用工具,通过启动光盘可以将微软等公司的原版系统安装到计算机,也可以在不加载正常计算机系统的情况下,对计算机数据和分区等的维护,是计算机维护人员不可或缺的工具,熟练制作和使用启动工具光盘是计算机维护人员的必修课。

4.1.3　知识必备

1. 启动光盘概述

可启动 CD-ROM(或称可引导光盘)的概念早在 1994 年就被提出来了,但在当时的 DOS 平台下实现光盘引导还存在一些技术上的困难。只能修改电脑主板上的 BIOS 程序,使之在硬件级而不是软件级首先识别 CD-ROM,并自动加载 CD-ROM 上的启动引导器(存放在 CD-ROM 上特定区域的一段特殊代码,用以控制 CD-ROM 的启动)。

1995 年,Phoenix Technologies 与 IBM 联合发表了可启动 CD-ROM 格式规范(Bootable CD-ROM Format Specification)1.0——El Torito 规范。该规范中定义了可启动 CD-ROM 的数据结构与镜像数据的配置及光盘制作的技术标准,使得符合 El Torito 规范的可启动 CD-ROM 在电脑上能够正常启动。1996 年,COMPAQ、Phoenix 与 Intel 联合发布的 BIOS 启动规范(BIOS Boot Specification)1.01,为 BIOS 厂家提供了制造支持可启动 CD-ROM 的 BIOS 的标准。El Torito 规范也成为事实上的工业标准。

El Torito 规范中不仅定义了单重启动镜像(Single Boot Image)的配置,而且非常富有远见地定义了多重启动镜像(Multiple Boot Images)的配置。BIOS 首先检查光盘的第 17 个扇区(Sector 17),查找其中的代码,若发现其中的启动记录卷描述表(Boot Record Volume Descripter),它就根据表中的地址继续查找启动目录(Booting Catalog),找到启动目录后,再根据其中描述的启动入口(Boot Entry)找到相应的启动磁盘镜像(Bootable Disk Image)或启动引导文件,找到启动磁盘镜像后,读取其中的数据,并执行相应的开机动作。相对于单重启动 CD-ROM 而言,多重启动 CD-ROM 的启动目录中包含多个启动入口,指向多个启动磁盘镜像。

2. 制作启动光盘常用工具

(1) ISO 文件制作工具

有 CDImage.exe(命令行界面)、CDImagegui.exe(图形界面)、UltraISO、WinISO 等。

(2) 启动光盘集成工具

EasyBoot 是一款集成化的中文启动光盘制作工具,它可以制作光盘启动菜单、自动生成启动文件并生成可启动 ISO 文件。只要通过 CD-R/W 刻录软件即可制作完全属于自己的启动光盘。

(2) WinImage

WinImage 是一个强大的磁盘实用工具,它允许用户创建一张软盘的镜像,从镜像中提取文件,创建一个空的镜像,把一个镜像恢复到空白的软盘上等。

(3) 十六进制编辑器

有 UltraEdit、WinHex、FlexEdit 等,修改启动引导文件中的显示文字。

(4) 虚拟机软件

有 VMware、Virtual PC 等软件,测试制作完成的 ISO 镜像文件,不用刻盘就可测试菜单是否可用等。

(5) 光盘刻录软件

Nero、UltraISO、Alcohol 120% 等刻录软件将测试好的 ISO 文件刻录成 CD/DVD 格式的启动光盘。

3. 常见的系统工具盘

原版系统:微软官方发布的系统安装光盘如 Windows XP、Windows 7、Windows server 2008 等。

GHOST 版系统:深度技术系统、雨林木风系统、电脑公司系统等。

PE 版系统:Windows PE、深山红叶 PE、深度 PE、通用 PE 工具箱等。

DOS 系统:矮人 DOS、MaxDOS、DOS7.1 等。

4.1.4 任务实施

1. 软件准备

(1)确定启动光盘的功能

本任务中需要集成如下常用的功能软件。

Windows PE:在 Windows 内核上构建的具有有限服务的最小 Win32 子系统,它用于准备安装 Windows 的计算机,以便从网络文件服务器复制磁盘镜像并启动 Windows 安装程序。

常用的桌面操作系统:Windows Xp Sp3 系统、Windows 7 旗舰版系统。

Slax Linux 系统:可以从光盘启动的中文可视化 Linux 桌面系统。

Max DOS 工具箱:包含 PQ 分区,清除 CMOS、NT 密码工具,Ghost 等。

Ghost 系统:可以将光盘中的 *.gho 文件一键还原到 C 盘。

Windows 下安装的软件:WinRAR、QQ、迅雷等。

(2)安装制作启动盘工具

EasyBoot:制作全中文光盘启动菜单、自动生成启动文件并制作可启动 ISO 文件。将软件安装在剩余空间较大的磁盘,因 EasyBoot 制作出来的 ISO 文件全部存在此盘中,本任务安装在 E 盘。安装后生成 iso 文件夹(编译出来的 ISO 镜像文件放这里)、disk1 文件夹(Ghost 镜像文件、PE 文件、Xp、Windows7 文件都放这里)、disk1 子文件夹 ezboot(img 文件、制作好的背景图片放这里,覆盖原有的即可)。

UltraISO:直接编辑光盘镜像和从镜像中直接提取文件,也可以从 CD-ROM 制作光盘镜像或者将硬盘上的文件制作成 ISO 文件。同时,也可以处理 ISO 文件的启动信息,从而制作可引导光盘。我们可以通过此软件提取的文件。

VMware:通过虚拟机软件,在一台物理计算机上模拟出一台或多台虚拟的计算机,这些虚拟机完全就像真正的计算机那样进行工作。制作出来的 ISO 文件需要在虚拟机上运行成功才能进行刻录。

Windows PE 系统:本任务采用深度 Deepin Windows PE 4.1 系统。此系统也是通过 EasyBoot 系统封装的,里面集成了 Windows Server 2003 PE(SP2)、DeepIn DOS 系统(DOS 中包含 Max DOS,PQ、Ghost,清除密码工具)。

原版系统:未经加工的官方原版 Windows XP SP3 和 Windows 7 旗舰版。

XP Ghost 镜像文件:就是封装的 Ghost 系统的 Ghost 镜像文件。下载好用的 Ghost 系统,提取出里面的 Ghost 镜像,或者是备份自己的 XP 系统。最好是用 Ghost 11 版本的 Ghost 进行封装。

Slax Linux 系统:Slax 是一个基于模块化设计,先进、便携、小巧并且快速的 Linux 操作系统。尽管它体积很小,但 Slax 为日常应用提供了丰富的内置软件,包括优良架构的图形界面和为系统管理员准备的非常实用的修复工具。

2. Easyboot 软件简介

（1）图 4-1 所示为 EasyBoot 启动默认界面，当然不同版本可能会有差异。屏幕高亮度显示条为启动项，并对应运行命令。除左上角、右下角、背景色/前景色等参数外，还包括运行命令。菜单条所对应的命令，可分为 run 命令和 boot 命令 2 类。run 命令：运行启动 Image 文件，启动 DOS/98/NT/2000/XP，如：run dos98. img run w2ksect. bin。boot 命令：boot 80 表示从硬盘启动，boot 0 表示从软盘启动，reboot 表示重新启动。如果 1 个菜单条执行多条命令，用";"隔开。如 cd boot;run w2ksect. bin。

以下是对即将制作的启动光盘引导界面中相关选项的说明。

快捷键：用户按指定按键可直接选择/执行，可以是 0-9/a-z/A-Z 等 ASCII 按键。

设置为默认菜单：光盘启动时默认选中的菜单条。

主菜单、子菜单：主菜单在光盘启动时自动加载，子菜单在主菜单或其他子菜单中用 run 命令加载。

启动等待时间：进入启动画面后等待一定时间后，自动运行默认菜单，对无人值守安装很有用。

启动目录：将启动文件（dos98. img、w2ksect. bin）等放入 IMG 目录，可减少根目录文件数量。

显示 Logo：在光盘启动时显示 640×480 大小的 256 色图像文件。用户可设定文件名和显示时间。需要注意的是，该图像文件必须是 Windows BMP 格式，且不压缩。

显示背景图像：在光盘启动界面显示 640×480、800×600 大小的 256 色 8 位图像文件。需要注意的是，该图像文件必须是 Windows BMP 格式，且不压缩。快捷键操作方式：可选择直接执行命令，或仅选择<Enter>或<Space>执行。

按键字母转换：可将输入字母转换成小写/大写，方便启动选择。

图 4-1　EasyBoot 默认启动界面

（2）菜单条设置如图 4-2 所示，设置高亮属性的前景色和背景色相同，同时设置正常属性的前景色和背景色相同可实现"透明菜单文字"，显示时文本用高亮色/正常色显示，因为背景色相同因此不填充背景，当然可根据喜好进行设置。

（3）功能键设置如图 4-3 所示，定义功能按键和运行命令，启动时按功能键直接执行。

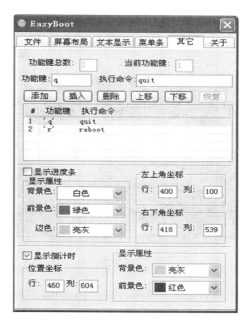

图 4-2　EasyBoot 菜单条　　　　　　　　图 4-3　EasyBoot 功能键

3. 提取并装载 Deepin Windows PE 4.1 系统

（1）提取 Deepin Windows PE 4.1 系统：删除 disk1（E:\Easy Boot\disk1）文件夹下的所有文件，使用 UltraISO 打开 DEEPINWINPE4.1.iso 镜像文件，将所有 ISO 中的所有文件提取到 Easyboot 安装目录中的 disk1（E:\Easy Boot\disk1）文件夹，如图 4-4 所示。

（2）装载 Deepin Windows PE 4.1 系统：执行 EasyBoot 软件，在"文件"选项的"打开"按钮中选择"E:\Easy Boot\disk1\EZBOOT\default.ezb"，如图 4-5 所示，此 default.ezb 文件中包含 WinPE、DOS、PQ、Ghost4 个菜单，而 PQ、Ghost 功能在 MAX DOS 中都已包含。此文件还缺少 Xp sp3、Windows 7、Slax Linux、一键 Ghost 功能，因此我们要对光盘启动画面进行修改。

图 4-4　提取深度 WINPE4.1　　　　　　图 4-5　深度 WINPE4.1

（3）修改启动画面：使用 Photoshop 等图像编辑软件打开 Disk1\EZBOOT 文件夹下的BACK.BMP。原启动画面如图 4-6 所示，修改后启动画面如图 4-7 所示（如果您使用 PS 水平较高可以美化启动画面），在图片中添加了 Windows Xp Sp3 维护系统、Windows 7 旗舰维护系统、Slax Linux5.0.6 维护系统、安装 Ghost 11 至 C 盘、去掉 PQ8.05-图形分区工具、运行-Ghost 11 工具。将图片覆盖 Disk1\EZBOOT 文件夹下的 BACK.BMP，然后重新装载"E:\Easy Boot\disk1\EZBOOT\default.ezb"文件，如图 4-8 所示。

图 4-6　原启动画面

图 4-7　修改后启动画面

　　(4) 如图 4-9 所示，执行"EasyBoot"|"菜单条"逐个选中"1"、"2""3"、"4"条目，而后调整其在预览界面中的位置，并添加"5"、"6"条目及其修改位置，修改完成后如图 4-10 所示。验证 WinPE 选项的执行命令 run pe.bin 的正确性如图 4-11 所示。

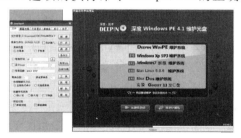

图 4-8　新加载画面

图 4-9　修改后启动画面

图 4-10　菜单条调整完毕

图 4-11　WinPE 执行命令

4. 提取并装载 Windows Xp Sp3 维护系统

使用 UltraISO 打开 Windows xp sp3.iso 镜像文件。

(1) 将 ISO 中的所有文件提取到"E:\Easy Boot\disk1"文件夹中。

(2) 将 Windows XP 光盘根目录下的 I386 目录复制到"E:\Easy Boot\disk1"根目录。

(3) 将光盘根目录下的 win51 文件复制到"E:\Easy Boot\disk1"根目录，如果是 Windows XP Home Edition，则复制 win51ic 文件，如果是 Windows XP Professional 则复制

win51ip 文件。

（4）检查以下文件："E:\EasyBoot\disk1\ezboot\w2ksect. bin"、"E:\EasyBoot\disk1\
i386\bootfix. bin"、

"E:\EasyBoot\disk1\i386\setupldr. bin"、"E:\EasyBoot\disk1\win51"、

"E:\EasyBoot\disk1\win51ic"或"E:\EasyBoot\disk_xp\win51ip"。验证 Windows Xp
Sp3 选项的执行命令 run w2ksect. bin 的正确性如图 4-12 所示。

5. 提取并装载 Windows 7 旗舰维护系统

使用 UltraISO 打开 Windows 7. iso。

（1）提取引导文件，将 Windows 7 光盘的引导文件另存为 win7. bif，存放在"E:\Easy
Boot\disk1\EZBOOT"文件夹中，如图 4-13 所示。

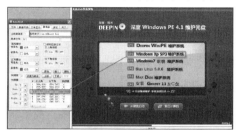

图 4-12　Windows XP 执行命令

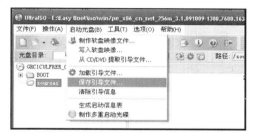

图 4-13　WinPE 执行命令

（2）将 Windows 7. ISO 中的所有文件提取到"E:\Easy Boot\disk1\EZBOOT"文件夹中。

（3）修改 Windows 7 菜单条的执行命令：run win7. bif，如图 4-14 所示。

6. 提取并装载 Slax Linux 系统

使用 UltraISO 打开 Slax Linux. ISO。

（1）将 Slax Linux 光盘的引导文件另存为 linux. bif，放在"E:\Easy Boot\disk1\EZ-
BOOT"文件夹中。

（2）将 Slax Linux. ISO 中的所有文件提取到"E:\Easy Boot\disk1\EZBOOT"文件夹中。

（3）修改 Slax Linux 菜单条的执行命令：bootinfotable；run linux. bif，如图 4-15 所示。另
外，此命令不能直接写成：run linux. bif。这样运行的时候会报错，显示：

ISOLINUX3. 10 2005-08-24 isolinux：Image checksum error，sorry.....

boot failed：press a key to retry.....

然后就动不了了。在 run linux. bif 前面加"bootinfotable；"，表示防止光盘校验。这样
Linux 就可正常启动。

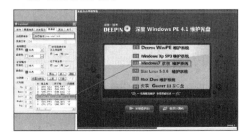

图 4-14　Windows 7 执行命令

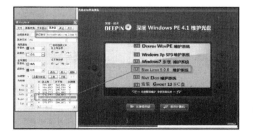

图 4-15　WinPE 执行命令

7. 提取并装载 Max DOS 系统

Max DOS 已经集成在 Deepin Windows PE 4.1 系统中,检查一下执行命令是否是:run dos.bin。如图 4-16 所示。

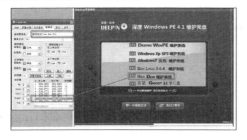

图 4-16　Max DOS 执行命令

图 4-17　WinPE 执行命令

8. 提取并装载安装 Ghost 11 至 C 盘(一键系统 Ghost 系统)

(1) 将提取的镜像文件、GHOST.EXE 文件复制到"E:\Easy Boot\disk1"中。

(2) 修改安装 Ghost 11 至 C 盘的菜单条执行命令:run GHOST.IMG

(3) 修改"E:\EasyBoot\disk1\EZBOOT\GHOST.IMG"镜像中的 autoexec.bat 内容,指定 GHO 镜像文件,修改后的内容如下:

```
@echo off
SHSUCDX/D:? PATA01/D:? SATA01/D:? SATA02/D:? SATA03/D:? USBCD
for %%b in(c d e f g h i j k l m n o p q r s t u v w x y z) do if exist %%b:\Ghost.exe
set s=%%b
%s%:
Ghost-nousb-clone,mode=pload,src=SD.gho:1,dst=1:1-sure-rb
```

将上文加粗倾斜显示文字 **_SD. gho_** 改成你所要还原的 Ghost 镜像名称就可以了。

dst=1:1 代表第一个磁盘的第一分区,也就是 C 盘。有兴趣的朋友可以网上搜索 Ghost 的命令行参数学习。

9. 其他菜单设置

(1) 从硬盘启动,设置菜单条执行命令:boot 80,如图 4-18 所示。

(2) 重启计算机,设置菜单条执行命令:reboot,如图 4-19 所示。

图 4-18　从硬盘启动执行命令

图 4-19　重启计算机执行命令

(3) 快捷键设置,包括菜单条快捷键如图 4-20 所示和其他快捷键如图 4-21 所示。

图 4-20 从硬盘启动执行命令

图 4-21 重启计算机执行命令

10. 制作 ISO 镜像

通过以上多个步骤,所有配置已完成。左击执行 EasyBoot 的"文件"选项的"制作 ISO"按钮生成 ISO 文件。制作 ISO 文件的选项,如文件名称、ISO 保存位置等如图 4-22 所示,设置完成后左击"制作"按钮开始制作 ISO 文件,如图 4-23 所示。完成后生成 systemDVD. iso 镜像文件。

图 4-22 制作 ISO 文件选项

图 4-23 制作 ISO 文件过程

11. 检验 ISO 镜像和刻录光盘

(1)检验 ISO 镜像:启动 VMware Workstation 软件,左击菜单"文件"|"新建虚拟机"建立 Windows XP 虚拟机(具体用法较为简单,用户可以自学),如图 4-24 所示,在设备区域编辑 CD-ROM 设备,在连接选项中使用 ISO 镜像文件,并选择本任务中的 systemDVD. iso 镜像文件。而后启动虚拟机,虚拟机从 ISO 镜像启动如图 4-25 所示,针对 1～6 各菜单功能逐项测试性能。

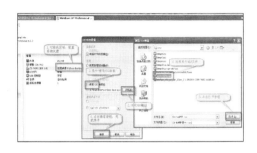

图 4-24 设置 CD-ROM 设备

图 4-25 加载本镜像效果

备注:虚拟机的内存要够大(建议≥512 M),否则运行 WinPE 的时候会较慢或报错。磁盘空间要够大(≥10 G),否则安装 Windows XP、Windows 7、一键 Ghost 恢复的时候会出错。

如果还想再 ISO 中添加一些 Windows 应用软件,可以通过 AutoRun 软件进行集成。将 Disk1 中的所有文件复制到 AutoRun 的项目文件夹中,然后进行可视化编辑即可。

(2)刻录光盘:所有功能测试无误后,可以通过 Nero、UltraISO、Alcohol 120％等刻录软件将此 ISO 刻录成 DVD 格式的启动光盘,本部分较为简单,本任务不再赘述。

4.1.5 任务拓展

Ghost 是硬盘克隆程序,由 Binary Research 公司编写,1998 年 6 月 24 日被赛门铁克公司收购。GHOST 是 General Hardware Oriented Software Transfer 的缩写,可译为"面向通用型硬件系统传送器",通常称为"克隆幽灵"。Ghost 是一款出色的硬盘备份还原工具,可以实现 FAT16、FAT32、NTFS、OS2 等多种硬盘分区格式的分区及硬盘的备份还原。可实现不同磁盘间的克隆、不同分区的克隆、文件到分区克隆等。除了其可见的菜单,还包含附加的命令行参数(一般限于 Ghost 的无人备份/恢复/复制操作)。详细的参数介绍可查看 Ghost 的帮助文件。本任务就常见参数进行学习。

(1)-rb:本次 Ghost 操作结束退出时自动重启计算机。

(2)-fx:本次 Ghost 操作结束退出时自动回到 DOS 提示符。

(3)-sure:对所有要求确认的提示或警告一律回答"yes"。此参数有一定危险性,只建议高级用户使用。

(4)-fro:如果源分区发现坏簇,则略过提示强制复制。此参数可用于尝试挽救硬盘坏道中的数据。

(5)@filename:在 filename 中指定 txt 文件。txt 文件中可以包含 Chost 命令行参数,这样做可以不受 Dos 命令行 150 个字符的限制。

(6)-f32:将不小于 2 GB 源 fat16 分区复制后转换成 fat32。

(7)-bootcd:直接向光盘备份文件时,使光盘变成可引导。

(8)-fatlimitL:将 nt 的 fat16 分区限制在 2 GB。

(9)-span:分卷参数,空间不足时提示复制到另一个分区的另一个备份包。

(10)-auto:分卷复制时不提示就自动赋予一个文件名继续执行。

(11)-crcignore:忽略备份包中的 crc 错误。

(12)-ia:全部镜像,Ghost 会对硬盘上所有的分区逐个进行备份。

(13)-ial:全部镜像,类似于-ia 参数,对 linux 分区逐个进行备份。

(14)-id:全部镜像,类似于-ia 参数,但包含分区的引导信息。

(15)-quiet:操作过程中禁止状态更新和用户干预。

(16)-script:可以执行多个 Ghost 命令行。命令行存放在指定的文件中。

(17)-split＝x:将备份包划分成多个分卷,每个分卷的大小为 x 兆。这个功能非常实用,用于大型备份包复制到移动式存储设备上。

(18)-z:将磁盘或分区上的内容保存到镜像文件时进行压缩。-z 或-z1 为低压缩率(快速);-z2 为高压缩率(中速);-z3～-z9 压缩率依次增大(速度依次减慢)。

(19)-clone:这是实现 Ghost 无人备份/恢复的核心参数。使用语法为

-clone,mode＝(operation),src＝(source),dst＝(destination),[sze(size),sze(size)......]

此参数行较为复杂,且各参数之间不能含有空格。mode 指定要使用哪种 clone 所提供的

命　令。

mode＝{copy｜load｜dump｜pcopy｜pload｜pdump}，其中，copy 硬盘到硬盘的复制(disk to disk copy)，load 为文件还原到硬盘(file to disk load)，dump 为将硬盘做成镜像文件(disk to file dump)，pcopy 为分区到分区的复制(partition to partition copy)，pload 为文件还原到分区(file to partition load)，pdump 为分区备份成镜像文件(partition to file dump)。

src＝{drive｜file｜driveartition}，source 意为操作源，值可取：从 1 开始的驱动器号；文件名，需要写绝对路径。

如，1∶2 表示硬盘 1 的第 2 个分区。

dst＝{drive｜file｜driveartition}，destination 意为目标位置，值可取：从 1 开始的驱动器号；文件名，需要写绝对路径；@cdx，刻录机，x 表示刻录机的驱动器号，从 1 开始。

例 1：将本地磁盘 1 复制到本地磁盘 2。

ghost.exe -clone,mode＝copy,src＝1,dst＝2

例 2：将本地磁盘 1 上的第二分区复制到本地磁盘 2 的第一分区。

ghost.exe -clone,mode＝pcopy,src＝1∶2,dst＝2∶1

例 3：从镜像文件装载磁盘 1，并将第一个分区的大小调整为 800 MB，第二个调整为 1 600 MB，第三个调整为 2 047 MB。

ghost.exe-clone,mode＝load,src＝g∶3prtdisk.gho,dst＝1,sze1＝800m,sze2＝1600m,sze3＝2047m

例 4：创建仅具有选定分区的镜像文件。从磁盘 2 上选择分区 1、4、6。

ghostpe.exe clone,mode＝pdump,src2∶1∶4∶6,dst＝d∶prt246.gho

(20) ghost 的无人备份/复制/恢复综合举例。

例 1：硬盘对拷。

ghost.exe-clone,mode＝copy,src＝1,dst＝2-sure

例 2：将硬盘 1 的第 2 个分区复制到硬盘 2 的第 1 个分区。

ghost.exe-clone,mode＝pcopy,src＝1∶2,dst＝2∶1-sure

例 3：将硬盘 1 的第 2 个分区做成镜像文件放到 f 分区中。

ghost.exe -clone,mode＝pdump,src＝1∶2,dst＝f∶back.gho

例 4：从内部存有两个分区的镜像文件中，把第二个分区还原到硬盘的第二个分区。

ghost.exe -clone,mode＝pload,src＝g∶ac.gho∶2,dst＝1∶2

4.2　任务 2　制作启动 U 盘

4.2.1　任务描述

董文芳是某公司的计算机维护人员，由于工作原因，需要经常进行计算机系统维护、安装计算机系统等，但公司为节省成本部分计算机并未配置光驱，这让小董每次都得拆机箱，有没有可启动 U 盘呢？

4.2.2 任务分析

计算机可以从多种设备引导,如硬盘、软盘、光盘、U 盘,特别是近几年生产的计算机基本都支持 U 盘启动。U 盘价格便宜、存储容量大、可反复读写、携带方便,因此对于计算机维护人员,制作和使用可启动 U 盘是提高工作效率的有效方式,且目前很多启动 U 盘制作工具基本上都可以实现一键制作。

4.2.3 知识必备

1. 常用的启动 U 盘制作工具

包括电脑店、U 盘启动大师、大白菜、老毛桃、USBOOT、UltraISO 等。

2. U 盘启动原理

(1) U 盘启动计算机的顺序

插入 U 盘→开机设定从 U 盘启动→计算机 BIOS 查找/识别 U 盘及引导信息→加载 U 盘引导器→进入 U 盘功能菜单→选择执行特定功能。

(2) 制作启动 U 盘的必需步骤

初始化 U 盘、配置 U 盘引导信息、编制 U 盘功能菜单、准备必要的程序和工具软件等,当然目前用的启动 U 盘制作工具已经集成了这些功能。

(3) U 盘的启动模式

U 盘可以制作成 Fixed(HDD)、Removable(ZIP/FDD)、CDROM 三种型式,通过主机 BI-OS 的支持,仿真为硬盘/软盘/光盘,启动计算机。

U-CDROM:U-CDROM 型式的标准统一(较少存在主机 BIOS 差异),且数据能够得到保护,但不被某些机器支持(如多种笔记本式计算机)。

U-ZIP(FDD):U-ZIP(FDD)型式是老机首选,适用范围较广。ZIP 驱动器,不是一个很流行的设备,以致现行 BIOS 对 U-ZIP 的支持没有统一的规范,给此型式 U 盘的完美启动设计带来了很多障碍。

U-HDD:U-HDD(FIXED)型式的设计空间广阔,但与 U-ZIP 型式一样,不便实现数据保护。从功能、兼容性、可操作性等方面综合考量,U-HDD 可以说是比较理想的一种方式。

3. U 盘量产

(1) 概述

U 盘量产即 U 盘批量生产,是 U 盘出厂前最后一道工序,U 盘生产出来以后,并不能直接使用。它需要经过一个烧录的工序,格式化存储芯片,并将一些初始化程序装入 U 盘主控芯片当中,这些程序决定了拿到我们手上的 U 盘可以怎样被使用,如原始分区、密码保护这些功能。而现实中,水货 U 盘,或者需要制作启动 U 盘,也用到量产。

U 盘由主控芯片、缓存芯片(可能内置到主控)、Flash 存储芯片、电压转换芯片(可选)及一些电容、电阻所组成。主控芯片控制整个 U 盘读写存储及其他一些辅助功能,存储芯片担当数据存储任务。

量产需要识别 U 盘的主控芯片。一般使用 ChipGenius 软件查看,并且对应地下载相关量产工具。这里需要提醒大家的是尽量买原厂正品 U 盘。芯片在量产之前首先要确定的就是自己 U 盘的主控芯片,确定之后才能找到合适的量产工具。常见的主控芯片有:群联、慧荣、联阳、擎泰、鑫创、安国、芯邦、联想、迈科微、朗科、闪迪。这些是可以通过 ChipGenius 检测出的。如果 U 盘出现故障,很多时候只要量产一下,就可以修复如常。量产 U 盘时需谨慎且引起非常重视的是,量产会抹除 U 盘上原有全部数据。

(2) 量产的作用

更改 U 盘模式:使其可以仿真为硬盘(FIXED,U-HDD)、软盘(REMOVABLE,U-FDD/U-ZIP)或光盘(U-CDROM)。多数 U 盘量产后,可以同时具备硬/软/光盘中之两种以上功能。

进行 U 盘分区:随着市场上 U 盘容量的逐步增大,分区使用将成为必然的趋势。

保护 U 盘数据:目前大家拥有的 U 盘,大都不带写保护按钮,面对甚嚣尘上的各类病毒,面对小巧 U 盘使用场合杂、易遗失的特性,我们可以通过量产,让 U 盘或其中某分区只读、加密或隐藏。它的重要性在于目前缺乏真正可靠的 U 盘保护软件,因而是数据保护的唯一选择。

提升 U 盘传输速度:某些 U 盘在量产后传输速率会得到很大提高。

低格 U 盘:低级格式化 U 盘可以将 U 盘恢复到出厂状态,甚至能隔离 U 盘坏块。

加速 BIOS 识别 U 盘模式:USB 存储控制芯片中有一个标志位,来标记磁盘类型(removable 或 fixed)。用普通方式制作的 U-HDD,常被 BIOS 误识仿真软盘,而如果用量产方式制作,因为写入这个标志位的原因,一般能被 BIOS 正确识别。这就为 U-HDD 的成功制作减少了很多麻烦。

4.2.4　任务实施

系统文件一般有二种格式:ISO 格式和 GHO 格式。ISO 格式又分为原版系统和 Ghost 封装系统两种。只要用解压软件 WinRAR 解压后有 GHO 文件(Windows XP 一般大于 600 MB,Windows 7 一般大于 2 GB)是 Ghost 封装系统,智能装机版软件支持 Ghost 还原安装。如果解压后没有 GHO 文件的是原版 ISO 格式系统,要用安装原版 Windows XP、Windows 7 的方法安装。

1. 制作前的软件、硬件准备

(1) U 盘 1 个(建议使用 8G 以上 U 盘,以便于存储多个系统镜像文件,如 Windows XP/7 等),并提前备份好 U 盘的数据。

(2) 下载并安装大白菜 U 盘启动盘制作工具。

(3) 下载 Ghost 封装的 Windows XP、Windows 7 系统。

2. 用大白菜超级 U 盘启动盘制作工具制作启动 U 盘

(1) 运行程序之前请尽量关闭杀毒软件和安全类软件(本软件涉及对可移动磁盘的读写操作,部分杀毒软件的误报会导致程序出错)。而后双击桌面的"大白菜 U 盘启动 V5.0 装机维护版"快捷菜单,如图 4-26 所示。该软件可以制作 U 盘启动盘、制作 ISO 文件、制作个性化启动文件等。

(2) 插入 U 盘,大白菜提示检测到 U 盘,如图 4-27 所示,在模式下拉菜单中,设置 U 盘的工作模式,包括 HDD-FAT32、HDD-FAT16、ZIP-FAT32、ZIP-FAT16 模式,小于 4 GB 的 U 盘建议选择 FAT16 文件系统,大于 4 GB 的 U 盘建议选择 FAT32 文件系统,如无特殊需求建议使用 HDD 模式,该模式的兼容性更好。

图 4-26   大白菜软件默认界面

图 4-27   插入 U 盘界面

　　(3) 左击"一键制作 USB 启动盘"按钮,如图 4-28 所示,确认所选原 U 盘数据已经备份后,左击"确定"按钮开始制作,制作过程中不要进行其他操作以免造成制作失败。制作过程中可能会出现短时间的停顿,请耐心等待几秒钟。

　　(4) 如图 4-29 所示,大白菜工具程序初始化后将 U 盘进行了分区,并隐藏 U 盘系统的分区后,按用户预设文件系统和模式格式格式化 U 盘。

图 4-28   删除数据警告界面

图 4-29   格式化 U 盘界面

　　(5) 如图 4-30 所示,大白菜工具将 Win PE 等程序写入 U 盘的隐藏分区;经过几分钟后软件程序提示启动盘制作完成如图 4-31 所示,左击"否"按钮,取消模拟测试。右击"我的电脑"|"管理"打开计算机管理界面,而后左击"存储"|"磁盘管理"如图 4-32 所示,U 盘被分成了2 个分区,其中显示为"未指派"的为 U 盘系统分区,在 Windows 系统中无法识别,分区被隐藏,"大白菜 U 盘"也就是在我的电脑中可以看到的 U 盘,能够如普通 U 盘一样存储文件,如图 4-33 所示。默认已经建立了 GHO 文件夹,复制了大白菜 U 盘启动制作工具 DBCinud.exe文件。

图 4-30　写入 U 盘数据界面

图 4-31　启动盘制作完成界面

图 4-32　分区后的 U 盘

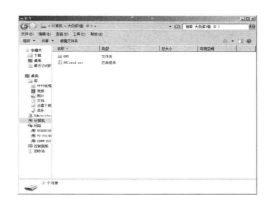

图 4-33　可正常使用的 U 盘分区

3. 复制 Ghost 封装的系统文件

将 Ghost 封装的系统文件复制到 GHO 目录,当然也可放在 U 盘根目录或其他目录。通过 DBCinud.exe 文件可以将 PE 或 DOS 工具安装在本地硬盘,方便计算机维护,也可以克隆 U 盘。至此 U 盘启动盘制作完毕,可以使用其自带的各种工具实现系统维护和系统还原安装。

不同制作软件完成的 U 盘启动盘,其各自附加工具有所区别,但主要为系统维护、WinPE、系统还原和备份等工具。

4.2.5　任务拓展

使用电脑店超级 U 盘启动制作工具制作启动 U 盘。

1. 准备工作

电脑店超级 U 盘启动制作工具制作启动 U 盘的准备工作与大白菜工具相同。

2. 用电脑店超级 U 盘启动制作工具制作启动 U 盘

(1) 运行程序之前请尽量关闭杀毒软件和安全类软件(本软件涉及对可移动磁盘的读写

操作,部分杀毒软件的误报会导致程序出错)。而后双击桌面的"电脑店 U 盘启动制作工具V6.1 装机维护版"快捷菜单,如图 4-34 所示。该软件可以制作 U 盘启动盘、制作 ISO 文件、常用软件、PE 工具箱等。

(2) 插入 U 盘,电脑店提示检测到 U 盘,如图 4-35 所示。在模式下拉菜单中,设置 U 盘的工作模式,包括 HDD-FAT32、HDD-FAT16、ZIP-FAT32、ZIP-FAT16 模式,小于 4 GB 的 U盘建议选择 FAT16 文件系统,大于 4 GB 的 U 盘建议选择 FAT32 文件系统,如无特殊需求建议使用 HDD 模式,该模式的兼容性更好。

图 4-34　电脑店默认界面

图 4-35　插入 U 盘界面

(3) 左击"一键制作启动 U 盘"按钮,如图 4-36 所示,确认所选原 U 盘数据已经备份后,左击"确定"按钮开始制作。制作过程中不要进行其他操作以免造成制作失败,制作过程中可能会出现短时间的停顿,请耐心等待几秒钟。

(4) 如图 4-37 所示,电脑店工具程序初始化后将 U 盘进行了分区,并隐藏 U 盘系统的分区后,按用户预设文件系统和模式格式格式化 U 盘。如图 4-38 所示,电脑店工具将 Win PE等程序写入 U 盘的隐藏分区;经过几分钟后软件程序提示启动盘制作完成如图 4-39 所示,左击"否"按钮,取消模拟测试。

图 4-36　删除数据警告

图 4-37　格式化 U 盘

图 4-38　向 U 盘写入数据

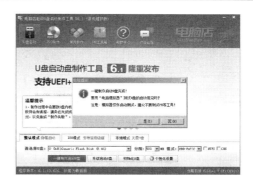

图 4-39　启动 U 盘制作完毕

4.3　项目实训　制作个性化启动盘

4.3.1　项目描述

朋友东方瑜是某公司的计算机维护人员,为了提高维护计算机的效率和针对性,他想制作1 张个性化启动光盘和 1 个个性化启动 U 盘用于计算机的日常维护。

4.3.2　项目要求

(1) 购买正版或下载免费的多种计算机维护软件。

(2) 购买正版或下载免费的启动光盘和启动 U 盘制作软件。

(3) 购买正版 Windows XP/7 操作系统,下载计算机维护用途的 Ghost 版系统。

(4) 下载 Window PE 维护系统,如深度 Windows PE 4.1/4.2 版本等。

(5) 使用启动光盘和启动 U 盘制作软件制作个性化工具盘。

4.3.3　项目提示

本项目实训涉及的内容多,设备选型要求多,但作为一个现代计算机销售和维护人员必须能熟练制作和使用启动光盘或启动 U 盘维护工具,必须做到举一反三,制作个性化启动光盘或启动 U 盘维护系统,用于特定使用环境。

4.3.4　项目实施

本项目在网络机房进行,项目时间为 120 分钟,项目实施采用 3 人一组的方式进行。每个组内的任务自主分配,加强学生知识和技能的职业能力培养,同时,通过团队合作加强学生的通用能力培养,从而提高学生的整体职业素养。

4.3.5 项目评价

表 4-1　项目实训评价表

	内容	评价		
	知识和技能目标	3	2	1
职业能力	了解启动盘的工作原理			
	熟悉启动光盘制作工具			
	熟悉启动 U 盘制作工具			
	熟悉制作启动光盘			
	熟练制作启动 U 盘			
通用能力	语言表达能力			
	组织合作能力			
	解决问题能力			
	自主学习能力			
	创新思维能力			
综合评价				

项目 5　硬盘分区

硬盘是计算机存储数据的主要介质,硬盘在初次使用前必须先进行分区和格式化操作,经过分区和格式化的硬盘才能存储数据并进行正常的数据读写操作。

【知识目标】

（1）理解分区及文件系统。
（2）理解分区的步骤和方法。
（3）了解新的磁盘分区技术。

【技能目标】

（1）熟练使用 DiskGenius 分区软件。
（2）熟练使用 PartitionMagic 分区软件。

5.1　任务 1　常见分区软件的使用

5.1.1　任务描述

宇文美鑫同学刚购买了 1 台组装机,由于她对计算机的分区和格式化操作一无所知,现希望向你学习硬盘分区和格式化的常用软件和使用方法,以便于处理自己计算机的硬盘。

5.1.2　任务分析

作为计算机维护人员,硬盘的分区和格式化操作是一项基本技能。在对硬盘进行分区时,要根据用户的需求和硬盘的实际大小进行合理地分配,并能够熟练使用各种不同的分区软件对硬盘进行分区和格式化操作。

5.1.3　知识必备

1. 分区与格式化概述

（1）进行分区和格式化原因

硬盘从厂家生产出来时,是没有进行分区和激活的。若要在磁盘上安装操作系统,必须要有一个被激活的活动分区,才能进行读/写操作。而硬盘分区完成后,不进行格式化还不能使用,因此,硬盘的分区、激活和格式化往往是一个连贯的操作。

（2）格式化的分类

硬盘格式化分为高级格式化和低级格式化。低级格式化就是将空白的磁盘划分出柱面和磁道,再将磁道划分为若干个扇区,每个扇区又划分出标识部分(ID)、间隔区(GAP)和数据区(DATA)等。低级格式化是高级格式化之前的一项工作,它只能在 DOS 环境下完成。低级格式化是针对整个硬盘而言,它不支持单独的一个分区。每块硬盘在出厂时,已由技术人员进行过低级格式化,因此用户无须进行低级格式化操作。

2. 主分区、扩展分区和逻辑驱动器

（1）主分区

主分区就是包含操作系统启动文件的分区,它用来存放操作系统的引导记录(在该主分区的第一扇区)和操作系统文件。一块硬盘可以有 1~4 个分区记录,因此,主分区最多可能有 4个。而如果需要一个扩展分区,那么主分区最多只能有 3 个。一个硬盘至少需要建立一个主分区,并激活为活动分区,才能从硬盘启动计算机,否则就算安装了操作系统,也无法从硬盘启动计算机。当然,如果硬盘作为从盘挂在计算机上,那么不建立主分区也是可以的。

（2）扩展分区

因为主引导记录中的分区表最多只能包含 4 个分区记录,为了有效地解决这个问题,分区程序除了创建主分区外,还创建一个扩展分区。扩展分区也就是除主分区外的分区,它不能直接使用,因为它不是一个驱动器。创建扩展分区后,必须再将其划分为若干个逻辑分区(也称为逻辑驱动器,即平常所说的 D 盘、E 盘等)才能使用,而主分区则可以直接作为驱动器。主分区和扩展分区的信息被保存在硬盘的 MBR(硬盘主引导记录,Master Boot Record,它是硬盘分区程序写入在硬盘 0 扇区的一段数据)内,而逻辑驱动器的信息都保存在扩展分区内。也就是说,无论硬盘有多少个逻辑驱动器,其主启动记录中只包含主分区和扩展分区的信息,扩展分区一般用来存放数据和应用程序。

（3）逻辑驱动器

逻辑驱动器也就是在操作系统中所看到的 D 盘、E 盘、F 盘等,一块硬盘上可以建立 24 个驱动器盘符(从英文 C~Z 顺序命名,A 和 B 则为软驱的盘符)。当划分了两个或两个以上的主分区时,因为只有一个主分区为活动的,其他的主分区为隐藏分区,所以逻辑驱动器的盘符不会随着主分区的个数增加而改变。

（4）活动分区和隐藏分区

如果在一个硬盘上划分了两个或三中个主分区,那么只有一个主分区为活动分区,其他的主分区只能隐藏起来。隐藏分区在操作系统中是看不到的,只有在分区软件(或一些特殊软件)中可以看到,这种分区方案主要是在安装多操作系统时使用。例如,在划分了两个主分区的硬盘上安装两个操作系统,当设置第 1 个主分区为活动分区时,若启动计算机,就会启动第1 个分区的操作系统;当设置第 2 个分区为活动分区时,就会启动第 2 个分区中的操作系统。

（5）分区操作的顺序

在分区时,既可以对新硬盘进行分区,也可以对旧硬盘(已经分过区了的)进行分区,但对于旧硬盘需要先删除分区,然后再建立分区。虽然不同的分区软件操作有所不同,但其分区顺序都是类似的。表 5-1 中列出了新、旧硬盘分区的先后顺序,仅供参考。该表主要针对 Fdisk分区或 Windows XP/2003 磁盘管理程序来说的,其实使用 PartitionMagic 等分区软件时,它们一般不需要创建扩展分区,在创建逻辑驱动器时,自动汇总为逻辑分区了。所以具体情况要视用户使用的软件来定。

表 5-1　硬盘分区顺序

新硬盘		旧硬盘	
步骤	操作	步骤	操作
第 1 步	建立主 DOS 分区	第 1 步	删除逻辑 DOS 驱动器
第 2 步	建立扩展分区	第 2 步	删除扩展分区
第 3 步	将扩展分区划分为逻辑驱动器	第 3 步	删除主 DOS 分区
第 4 步	激活分区	第 4 步	建立主 DOS 分区
第 5 步	格式化每一个驱动器	第 5 步	建立扩展分区
		第 6 步	将扩展分区划分逻辑驱动器
		第 7 步	激活分区
		第 8 步	格式化每一个驱动器

3. 分区的文件系统

个人计算机经历了几十年的发展,磁盘的分区格式不断变化和丰富。从 DOS、Windows 98 到 Windows XP、Windows 7、Windows 8 等的发展历程中,磁盘的分区格式也经历了 FAT12、FAT16、FAT32、NTFS 的不断演化,以适应不同系统和硬盘容量变化的要求;而 Linux 系统则采用了 Ext、Swap 分区格式;当然服务器还有动态分区等技术。常见磁盘分区格式的种类及特点如下所示。

(1) FAT12

FAT12 是一种相当"古老"的磁盘分区格式,与 DOS 同时问世。它的得名是由于采用了 12 位文件分配表。早期的软盘驱动器就采用 FAT12 格式。

(2) FAT16

FAT16 采用了 16 位文件分配表,最大支持容量为 2 GB 的硬盘,是目前所获支持最广泛的一种磁盘分区格式,几乎所有的操作系统都支持这一种格式,包括 DOS 系统、Windows 系列,连 Linux 操作系统都支持这种分区格式。但缺点是大容量磁盘利用效率低。因为磁盘文件的分配以簇为单位,一个簇只分配给一个文件使用,而不管这个文件占用整个簇容量的多少。这样,即使一个很小的文件也要占用一个簇,剩余的簇空间便全部闲置,造成磁盘空间的浪费。由于文件分配表容量的限制,FAT16 创建的分区越大,磁盘上每个簇的容量也越大,造成的浪费也越大。

(3) FAT32

为了解决 FAT16 空间浪费的问题,微软推出了一种全新的磁盘分区格式 FAT32,它是目前使用最为广泛的硬盘分区格式。这种硬盘分区格式采用 32 位的文件分配表,这就使得磁盘的空间管理能力大大增强,突破了 FAT16 硬盘分区格式的 2 GB 分区容量限制。目前,支持这一磁盘分区格式的操作系统除了 Windows 系列外,Linux Redhat 部分版本也对 FAT32 提供有限的支持。

(4) NTFS

NTFS 意即新技术文件系统,它是微软 Windows NT 内核的系列操作系统支持的,一个特别为网络和磁盘配额、文件加密等管理安全特性设计的磁盘格式。随着以 NT 为内核的 Windows 2000/XP 的普及,很多用户开始用到了 NTFS。NTFS 以簇为单位来存储数据文件,但 NTFS 中簇的大小并不依赖于磁盘或分区的大小。簇尺寸的缩小不但降低了磁盘空间的浪费,还减少了产生磁盘碎片的可能。NTFS 支持文件加密管理功能,可为用户提供更高的安全保证。目前 Windows NT/2000/XP/2003 及最新的 Windows Vista/7/8 系统都支持识别 NTFS 格式,而 Windows 9x/Me 以及 DOS 等操作系统不支持识别 NTFS 格式的驱动器。

（5）Ext 和 Swap 分区格式

Linux 是近年来兴起的操作系统,其版本繁多,支持的分区格式也不尽相同。但是它们的 Native 主分区和 Swap 交换分区都采用相同的格式,即 Ext 和 Swap。Ext 和 Swap 同 NTFS 分区格式相似,这两种分区格式的安全性与稳定性都极佳,使用 Linux 操作系统死机的机会将大大减少。但是目前支持这类分区格式的操作系统只有 Linux。与 NTFS 分区格式类似,Ext 分区格式也有多种版本。Linux 是一个开放的操作系统,最初使用 Ext2 格式,后来使用 Ext3 格式,它同时支持非常多的分区格式,包括 UNIX 使用的 XFS 格式,也包括 FAT32 和 NTFS 格式。

簇是文件系统中基本的存储单位,一个簇的大小和采用的分区格式(FAT32 或 NTFS)和分区大小有关。对于 FAT32 文件系统,当分区容量介于 256 MB～8.01 GB 时簇大小为 4 KB;8.02 GB～16.02 GB 时为 8 KB;16.03 GB～32.04 GB 时为 16 KB;大于 32.04 GB 时为 32 KB。根据分区大小,默认的簇大小应该分别为 4 KB、8 KB、16 KB。

（6）目前最主要的两种文件系统与操作系统支持情况如下

FAT32:支持 Windows 95/98/Me/2000/XP/2003/7 等。其中,FAT32 还有限制,即当分区小于 512 MB 时,FAT32 不会发生作用,而且在 FAT32 中,单个文件不能大于 4 GB。

NTFS:支持 Windows NT/2000/XP/2003/Vista/7 等,单个文件可以大于 4 GB。

5.1.4 任务实施

1. DiskGenius 的分区和格式化

（1）将启动工具光盘放进光驱或启动工具 U 盘插入 USB 接口,启动电脑并设置好启动顺序或启动时使用的快捷启动菜单(不同计算机快捷键定义不同,常见的是 F11),工具光盘/U 盘启动后,显示选择菜单界面。选择 4 运行 DiskGenius 图形分区工具,如图 5-1 所示。不同工具盘界面不一样,但常见工具盘都有 DiskGunius(DG)软件。

（2）DiskGenius 软件界面如图 5-2 所示。

图 5-1 光盘启动界面

图 5-2 DiskGenius 软件界面

（3）新分区大小和数量根据硬盘大小和实际需求进行设定，一般分区为 3～4 个。本任务做练习用途，使用的磁盘较小，总大小约 20 GB，建立 3 个分区、1 个主分区、2 个逻辑分区，主分区大小为 10 GB，第 1 个逻辑分区大小为 5 GB，剩余空间 5 GB 分配给第 2 个逻辑分区。目前市场流行使用的硬盘一般在 200 GB 以上，建议主分区设置为 50 G。使用菜单"分区"|"新建分区"或使用工具栏的"新建分区"按钮，打开"建立新分区"对话框，选择"主磁盘分区"，文件系统类型为 NTFS，如图 5-3 所示。

（4）左击"确定"，主分区创建成功，如图 5-4 所示。

（5）创建扩展分区如图 5-5 所示，使用菜单"分区"|"新建分区"或使用工具栏的"新建分区"按钮，打开"建立新分区"对话框，将剩余空间全部分给扩展磁盘分区。

图 5-3 新建分区对话框

图 5-4 主分区创建成功

（6）扩展磁盘分区已创建成功，选中扩展磁盘分区并右击，在弹出菜单中左击"建立新分区"，如图 5-6 所示。

图 5-5 新建扩展磁盘分区界面

图 5-6 新建逻辑分区界面

（7）建立逻辑分区 1 大小为 5 GB，如图 5-7 所示。

（8）选中剩余空闲空间右击，在弹出菜单中左击"建立新分区"，如图 5-8 所示。

图 5-7 创建逻辑分区 1 界面

图 5-8 创建逻辑分区 2 界面

（9）将剩余空间全部分给逻辑分区 2，大小为 5 GB，如图 5-9 所示。逻辑分区的大小也需根据硬盘大小和实际情况来确定。

（10）选中主分区右击，在弹出菜单中左击"格式化当前分区"，如图 5-10 所示。

图 5-9　创建逻辑分区 2 对话框　　　　　　　图 5-10　格式化主分区界面

（11）格式化前提示，格式化需保存硬盘分区表，如图 5-11 所示。

（12）左击"确定"，打开格式化分区对话框，如图 5-12 所示。

图 5-11　保存分区表　　　　　　　　　　　图 5-12　格式化分区对话框

（13）左击"格式化"，弹出格式化分区将会使该分区的所有文件丢失。左击"是"按钮，如图 5-13 所示，主分区将开始格式化。

（14）采用上述方法对其他分区进行格式化，硬盘分区和格式化完成后如图 5-14 所示。

 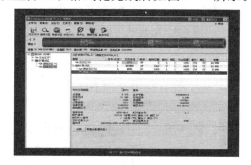

图 5-13　格式化警告界面　　　　　　　　　图 5-14　分区和格式化完成

（15）由于主分区已经自动激活，打开"文件"菜单，左击退出如图 5-15 所示。

（16）如图 5-16 所示，提示对磁盘数据的更改需重新启动计算机才能生效，左击"立即重启"按钮。至此已完成对硬盘的分区和格式化操作。

图 5-15　退出菜单

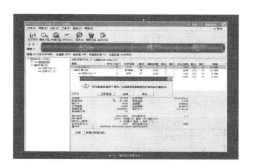

图 5-16　重启提示

（17）DiskGenius 还有快速分区功能，进入 DiskGenius 主界面，在工具栏左击"快速分区"进入快速分区对话框，如图 5-17 所示。该对话框中包括分区数目选择、分区高级设置等选项，可根据硬盘大小和实际情况对硬盘进行不同的分区方案。

（18）设置参数如图 5-18 所示，对分区参数设置好后，左击"确定"按钮，将对硬盘进行分区操作。该功能执行后，当前磁盘上的所有分区将被删除，新分区将会被快速格式化。

图 5-17　快速分区界面

图 5-18　修改分区参数界面

（19）如图 5-19 所示，左击"硬盘"菜单，DiskGenius 软件具有对分区表进行备份和恢复、重建主引导记录、转换分区、坏道检测和修复、删除所有分区等功能。

（20）如图 5-20 所示，左击"分区"菜单，DiskGenius 软件具有格式化当前分区、删除当前分区、隐藏当前分区、取消分区激活状态、更改分区参数、转化为逻辑分区、设置卷标等功能。

图 5-19　硬盘菜单

图 5-20　分区菜单

（21）如图 5-21 所示，左击"工具"菜单，发现可以检查分区表错误、搜索已丢失分区（重建分区表）、备份分区到镜像文件、从镜像文件还原分区、克隆分区、清除扇区数据等功能。

2. PartitionMagic(PQ)的分区和格式化

（1）将启动工具光盘放进光驱或启动工具 U 盘插入 USB 接口，启动电脑并设置好启动顺序或启动时使用的快捷启动菜单（不同计算机快捷键定义不同，常见的是 F11），工具光盘/U盘启动后，显示选择菜单界面。本任务选择 3 运行 PQ 8.05 硬盘分区繁体版图形分区工具，如图 5-22 所示。不同工具盘界面不一样，但常见工具盘都有 PartitionMagic(PQ)软件。

图 5-21　工具菜单

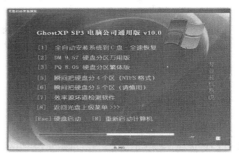

图 5-22　分区菜单

（2）进入 PQ 的主界面，如图 5-23 所示，显示硬盘大小为 81 917 MB，并未分配。

（3）左击执行"作业"|"建立"，如图 5-24 所示，以建立主磁盘分区。

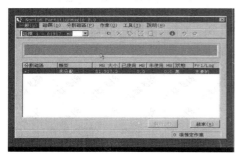

图 5-23　PQ 的主界面

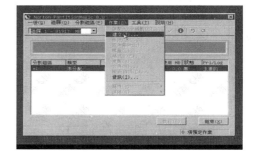

图 5-24　创建分区菜单

（4）如图 5-25 所示，在建立选项后，左击选择"主要分割磁区"，即 C 盘。

（5）如图 5-26 所示，在分割磁区类型后，左击选择文件系统格式 FAT32 或 NTFS。

图 5-25　新建主分区界面

图 5-26　设置分区类型

（6）如图 5-27 所示，根据硬盘大小和实际需求设置 C 盘的大小，本任务设置为 1 000 MB。

（7）如图 5-28 所示，主要分割磁区建立完成，显示未分配磁盘空间为 71 916 MB。

图 5-27 设置分区大小

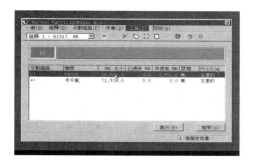

图 5-28 主分区和未分配空间

（8）如图 5-29 所示，左击执行"作业"|"建立"，以建立逻辑磁盘分区。

（9）如图 5-30 所示，在建立选项后，左击选择"逻辑分割磁区"，而后比照建立主分区的方法，建立逻辑磁盘分区。本任务将剩余的空间创建为 D 和 E 两个逻辑磁盘分区。

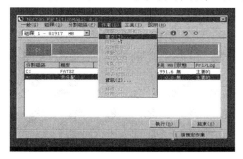

图 5-29 新建分区菜单

图 5-30 新建逻辑分区

（10）如图 5-31 所示，选中 C 盘后，左击执行"作业"|"进阶"|"设定为作用"把主要分割磁区 C 盘设定为作用，也就是活动分区。

（11）如图 5-32 所示，询问是否把 C 盘变更作用分割磁区，左击"确定"按钮，完成设置。

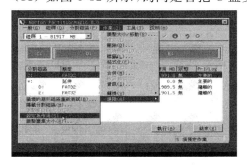

图 5-31 设置活动分区

图 5-32 确认设置

（12）如图 5-33 所示，左击选择"一般"|"执行"菜单选项后，出现是否执行变更的确认界面，单击"是"按钮执行变更。

（13）如图 5-34 所示，确认执行变更后，开始应用前面的所有操作，包括分区、格式化、设置活动分区等操作。该操作完成后要求重新启动计算机，以使分区和格式化操作生效。

图 5-33 执行变更确认　　　　　　　　图 5-34 批量执行变更

5.1.5 任务拓展

1. Fdisk 的分区和格式化

（1）将启动工具光盘放进光驱或启动工具 U 盘插入 USB 接口，启动电脑并设置好启动顺序或启动时使用快捷启动菜单（不同计算机快捷键定义不同，常见的是 F11），工具光盘/U 盘启动后，显示选择菜单界面，选择 DOS 工具，一般工具盘都有。本任务使用 DOS 启动光盘，启动后如图 5-35 所示，输入"2"并回车确认，DOS 提示符界面如图 5-36 所示。

图 5-35 启动选择界面　　　　　　　　图 5-36 DOS 提示符界面

（2）如图 5-37 所示，在屏幕"A:\>"提示符后，输入 FDISK 命令并回车。FDISK 命令提示是否启动大硬盘支持，默认是支持，按 Enter 键确认。

图 5-37 输入 FDISK 命令　　　　　　　　图 5-38 FDISK 提示

（3）FDISK 主菜单如图 5-39 所示，创建 DOS 分区，在"Enter choice："后输入"1"并按 Enter 键确认。创建分区菜单如图 5-40 所示,在"Enter choice:"后输入"1"并按 Enter 键确认创建 DOS 分区。

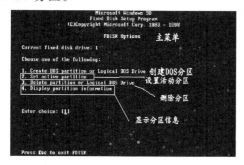

图 5-39　FDISK 主菜单

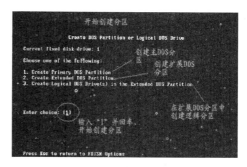

图 5-40　创建分区菜单

　　(4)程序开始扫描硬盘,扫描完成后,如图 5-41 所示,进入创建主 DOS 分区的屏幕。屏幕中提示"是否将所有可用的硬盘空间都创建为主 DOS 分区",为使硬盘创建多个分区,所以输入"N",并按 Enter 键确认。如图 5-42 所示,程序提示硬盘的大小和设置方法,在右下角括号内,使用 Backspace 键清除默认的数值,并输入一个小于硬盘总容量的数值(单位 MB)或者输入一个百分数,作为主 DOS 分区的大小。本任务输入 2000,如图 5-43 所示,按 Enter 键确认后程序自动返回主菜单,如图 5-44 所示,程序提示未设置活动分区。

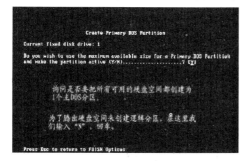

图 5-41　创建主分区提示

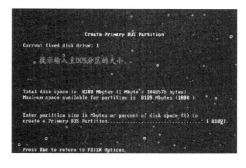

图 5-42　设置主分区大小

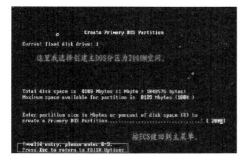

图 5-43　输入主分区大小数值

图 5-44　设置活动分区警示

　　(5)在"Enter choice:"后输入"2"并按 Enter 键确认,设置活动分区界面如图 5-45 所示。此时提示选择哪个分区为活动分区。注意,在 DOS 分区里,只有主 DOS 分区才能被设置为活动分区,其余分区不能设置为活动分区,所以这里只能输入"1",按 Enter 键,完成活动分区设置。

（6）按 Esc 返回主菜单，在"Enter choice:"后输入"1"并按 Enter 键进入 DOS 分区界面，输入"2"按 Enter 键确认，如图 5-46 所示，创建扩展分区。FDISK 提示硬盘还剩余 6 109 MB，如图 5-47 所示。笔者建议把它们全部分到扩展分区，因除主分区外，其余的逻辑分区都是在扩展分区上创建，本任务直接按 Enter 键确认。

图 5-45　设置活动分区

图 5-46　创建扩展分区

（7）如图 5-48 所示，程序提示未定义逻辑分区，并显示扩展分区的容量（在右下角括号内），使用 Backspace 键清除默认的数值，并输入一个小于扩展分区总容量的数值（单位 MB）或者输入一个百分数，作为第一个逻辑分区的大小。本任务输入 3004 并按 Enter 键确认，如图 5-49 所示，第一个逻辑分区 D 创建成功，并提示继续创建。本任务总共创建 2 个逻辑分区，因此直接按 Enter 键将剩余扩展分区容量分配给第二个逻辑分区 E，逻辑分区创建完成后如图 5-50 所示。

图 5-47　设置扩展分区大小

图 5-48　创建逻辑分区

图 5-49　创建第二个逻辑分区

图 5-50　所有逻辑分区

（8）按 Esc 键退出 FDISK 程序，如图 5-51 所示。FDISK 程序提示必须重新启动计算机才能使分区生效，并且所有分区必须格式化后才能使用。

（9）重新启动计算机，再次进入 DOS 界面，如图 5-52 所示。输入"format c："按 Enter 键并根据提示输入 Y 键，再次按 Enter 键，即可格式化 C 盘，其他盘也是如此格式化。

图 5-51　重启生效提示

图 5-52　格式化分区

2. Windows XP 磁盘分区工具

Windows XP / server 2003 等微软操作系统中都自带有硬盘分区工具。本任务使用 Windows XP 磁盘分区工具。

（1）安装好 Windows XP 系统后，右击桌面上"我的电脑"图标（以"经典菜单"的界面为例），在弹出的菜单中，选择"管理"命令，打开"计算机管理"窗口，左击"存储"项目下面的"磁盘管理"选项。如图 5-53 所示，主分区在操作系统安装前已经完成，剩余的磁盘空间显示为"未指派"，也就是未分配的空间。

（2）右击"未指派"的磁盘区域，执行"新建磁盘分区（N）..."而后使用新建磁盘分区向导完成磁盘分区的创建。如图 5-54 所示，左单击"下一步（N）＞"按钮；如图 5-55 所示，选择分区类型，基于 MBR 类型的分区最多允许 4 个主分区，但一般我们都是建立 1 个主分区，而后建立扩展分区后，划分多个逻辑驱动器，本任务选择"扩展磁盘分区（E）"，左击"下一步（N）＞"按钮；如图 5-56 所示，设置扩展分区大小，默认为所有剩余磁盘空间，左击"下一步（N）＞"按钮；如图 5-57 所示，左击"下一步（N）＞"按钮，完成扩展分区创建。

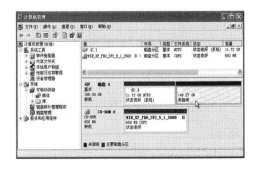

图 5-53　磁盘管理界面

图 5-54　新建磁盘分区向导界面

图 5-55　选择分区类型界面

图 5-56　指定分区大小界面

（3）右击"扩展磁盘分区"，执行"新建磁盘分区（N）..."而后使用新建磁盘分区向导完成磁盘分区的创建。如图 5-58 所示，默认已选中"逻辑驱动器（L）"，左击"下一步（N）＞"按钮；如图 5-59 所示，输入分区大小，左击"下一步（N）＞"按钮；如图 5-60 所示，指派驱动器号和路径，左击"下一步（N）＞"按钮；如图 5-61 所示，指定文件系统、分配单位大小、卷标、执行快速格式化等选项格式化分区，根据提示完成分区向导。此时，程序完成分区和格式化操作，本任务建立了 2 个逻辑驱动器，完成后如图 5-62 所示。

图 5-57　完成分区建立界面

图 5-58　创建逻辑驱动器界面

图 5-59　指定分区大小界面

图 5-60　指派驱动器号界面

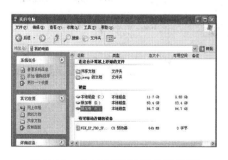

图 5-61　格式化分区界面　　　　　　　　图 5-62　分区创建结果显示界面

5.2　项目实训　硬盘的分区和格式化

5.2.1　项目描述

公司生产部因业务发展需求,购买了一批组装台式机,现委托 IT 服务中心对硬盘进行分区和格式化。

5.2.2　项目要求

(1) 使用 Fdisk/Format 经典软件对硬盘进行分区和格式化。
(2) 使用 DiskGenius 分区软件对硬盘进行分区和格式化。
(3) 使用 PartitionMagic 分区软件对硬盘进行分区和格式化。

5.2.3　项目提示

本项目实训涉及的分区软件多,且在实际工作中会遇到更多的分区软件,但作为一个现代计算机维护人员必须熟练准确的根据客户千差万别的要求进行硬盘的分区,必须做到举一反三,在理解分区概念的基础上,真正熟练掌握各种分区软件的使用方法。

5.2.4　项目实施

本项目在维修机房进行,并要求拥有启动功能的工具光盘或 U 盘,项目时间为 60 分钟。项目实施采用 3 人一组的方式进行,每个组内的任务自主分配,加强学生知识和技能的职业能力培养,同时,通过团队合作加强学生的通用能力培养,从而提高学生的整体职业素养。

5.2.5　项目评价

表 5-2　项目实训评价表

内容		评价		
知识和技能目标		3	2	1
职业能力	理解分区及文件系统			
	理解分区的步骤和方法			
	熟练使用 DiskGenius 分区软件			
	熟练使用 PartitionMagic 分区软件			
	熟练使用 Fdisk/Format 分区软件			
通用能力	语言表达能力			
	组织合作能力			
	解决问题能力			
	自主学习能力			
	创新思维能力			
综合评价				

项目6 安装操作系统

操作系统是管理和控制计算机硬件与软件资源的计算机程序,是直接运行在"裸机"上的最基本的系统软件,任何其他软件都必须在操作系统的支持下才能运行。操作系统是用户和计算机的接口,也是计算机硬件和其他软件的接口。操作系统的功能包括管理计算机系统的硬件、软件及数据资源,控制程序运行,改善人机界面,为其他应用软件提供支持等,使计算机系统所有资源最大限度地发挥作用。

微软公司开发的操作系统目前在桌面系统使用中占用垄断地位,如 Windows XP、Windows 7 等,作为计算机维护人员,熟练安装操作系统是基本的技能。

【知识目标】

(1)了解常见的操作系统。

(2)了解 Ghost 版系统。

(3)了解驱动程序的安装顺序。

【技能目标】

(1)熟练安装 Windows XP 系统。

(2)熟练安装 Windows 7 系统。

(3)熟练安装 Ghost 版系统。

(4)熟练安装驱动程序。

6.1 任务1 安装 Windows XP 系统

6.1.1 任务描述

田国宇同学的计算机硬盘已完成分区和格式化操作,现由于工作需求希望你帮助他对该计算机安装 Windows XP 操作系统。

6.1.2 任务分析

作为现代计算机维护人员,安装操作系统是一项基本技能。在安装操作系统时,要根据用户的需求和实际机器配置合理地选择相应的操作系统。本任务要求熟练安装 Windows XP 操作系统。

6.1.3　知识必备

以下是几种常见操作系统的简介。

（1）Windows 98 是微软继 Windows 95 以后推出的一个操作系统。Windows 98 使用更方便，可靠性和稳定性比 Windows 95 更高，还特别加入了一些系统工具。Windows 98 在网络功能方面也有很大的提高，具有网上自动升级功能。

（2）Windows XP 是 Windows 系统中功能最强的版本，XP（Experience）是体验的意思。与 Windows 2000 和 Windows Me 相比，Windows XP 具有更漂亮的界面，更好的安全性和可靠性，操作更简便，尤其增强了 Internet、多媒体与家庭网络等方面的功能。

（3）2006 年微软正式发布了 Windows Vista 操作系统。该操作系统未正式发布前被称为 Windows longhorn。与 Windows XP 和 Windows Server 2003 相比，Windows Vista 的桌面变得更加漂亮，不仅有半透明的 Aero（玻璃效果）界面，还可以在窗口四周产生阴影效果，同时窗口的最大化/最小化过程也变得动感十足。然而，漂亮的界面需要强大的图形处理能力，这就要求有一块好的显卡，但该系统并未获得市场的广泛认可，被认为是一个过渡版本。2010 年后，微软逐步减少对该系统的技术支持。

（4）2009 年，微软发布了 Windows 7 操作系统，是微软停止 Windows XP 技术支持后的后继者，其版本包括 Windows 7 家庭普通版、Windows 7 家庭高级版、Windows 7 专业版、Windows 7 企业版、Windows 7 旗舰版，目前 Windows 7 成为市场主流操作系统。

（5）2012 年，微软发布了 Windows 8，是微软公司开发的具有革命性变化的操作系统，可以在大部分运行 Windows 7 的电脑上平稳运行。在 X64 构架和 X86 构架个人计算机以及 ARM 构架平板计算机大幅改变以往的操作逻辑，提供更佳的屏幕触控支持。新系统画面与操作方式变化极大，采用全新的 Modern UI（新 Windows UI）风格用户界面。包含中文版、单语言版、标准版、专业版、企业版、RT 版（ARM 架构支持）。

（6）Windows 系列的服务器操作系统主要有 Windows 2000 Sever、Windows Server 2003、Windows Server 2008、Windows Server 2012，每个服务器操作系统都包含针对不同用户的版本，适应于中小企业的网站和数据管理需求。

（7）除了微软的 Windows 系统，还有 UNIX、Linux 等操作系统。不过，UNIX、Linux 是针对服务器和大型工作站的操作系统或专业的网络操作系统，非专业人员不容易使用，他们不是针对普通家庭用户设计的，一般用户不会使用。

6.1.4　任务实施

（1）首先准备好 Windows XP 系统光盘，并设置好光驱启动。光盘启动界面如图 6-1 所示，并根据提示按任意键从系统盘启动。而后系统程序检测计算机硬件设备。

（2）检测完成后，根据提示界面按 Enter 键安装 Windows XP，如图 6-2 所示。

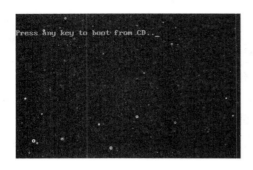

图 6-1　光盘启动界面

图 6-2　XP 安装界面

（3）如图 6-3 所示，按 F8 键同意 Windows XP 许可协议。

（4）如图 6-4 所示，用"向下"或"向上"方向键选择安装系统所用的分区，一般安装在 C 分区，选择好分区后按 Enter 键继续。当然如果磁盘没有分区可以按"C"键在未划分的空间中创建磁盘分区；也可以将已创建的分区按"D"键删除后，重新创建。

图 6-3　Windows XP 许可协议界面

图 6-4　选择安装系统分区界面

（5）如图 6-5 所示，对所选分区可以进行格式化，从而转换文件系统格式或保存现有文件系统，有多种选择的余地，但要注意的是 NTFS 格式可节约磁盘空间提高安全性和减小磁盘碎片。如果没有 DOS 等传统系统需求，不建议使用 FAT 文件系统。

（6）如图 6-6 所示，格式化 C 盘的警告，按 Enter 键将准备格式化 C 盘。

图 6-5　格式化文件系统选择界面

图 6-6　格式化分区确认界面

（7）如图 6-7 所示，系统程序开始格式化 C 分区。

（8）如图 6-8 所示，系统程序开始复制文件。文件复制完后，安装程序开始初始化 Windows 配置，然后系统将会自动在 15 s 后重新启动。

图 6-7　格式化分区界面　　　　　　　　　图 6-8　复制文件界面

（9）如图 6-9 所示，计算机重新启动后，系统程序开始正式安装 Windows XP。

（10）系统基本安装完成后，会要求用户进行必要的初始化配置，如图 6-10 所示，选择区域和语言。由于安装的是 Windows XP 中文版，所以这里使用默认值，左击"下一步"按钮继续。

图 6-9　正在安装 Windows XP　　　　　　图 6-10　选择区域和语言

（11）如图 6-11 所示，在"自定义软件"对话框，输入姓名和单位名称，左击"下一步"按钮继续。

（12）如图 6-12 所示，在"您的产品密钥"对话框，输入产品密钥，左击"下一步"按钮继续。

图 6-11　输入姓名和单位界面　　　　　　图 6-12　输入产品密钥界面

（13）如图 6-13 所示，在"计算机名和系统管理员密码"对话框，输入计算机名和系统管理员密码（建议输入系统管理员密码），左击"下一步"按钮继续。

（14）如图 6-14 所示，在"日期和时间设置"对话框，设置日期和时间，并选择时区，左击"下一步"按钮继续。

图 6-13　管理员设置界面　　　　　　　　　　图 6-14　日期和时间设置界面

　　（15）如图 6-15 所示，在"网络设置"对话框，选中"典型设置"单选按钮，左击"下一步"按钮继续。

　　（16）如图 6-16 所示，在"工作组或计算机域"对话框，选中"不，此计算机不在网络上……"单选按钮，并输入计算机的工作组（默认为 WORKGROUP）。

图 6-15　网络设置界面　　　　　　　　　　　图 6-16　工作组设置界面

　　（17）如图 6-17 所示，系统程序按用户的选择和设置安装各功能模块，然后注册组件并保存设置。这些过程都是自动进行的，用户要做的只是耐心地等待。保存设置完成后，接着会重新启动计算机。

　　（18）Windows XP 系统启动界面如图 6-18 所示。

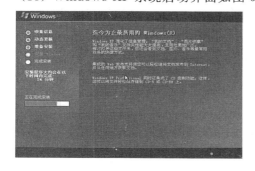 

图 6-17　安装功能模块界面　　　　　　　　　图 6-18　启动界面

　　（19）系统开始进入 Windows XP 系统。因为首次进入，所以在进入 Windows XP 系统之前，会使用向导设置系统，如图 6-19 所示，左击"下一步"按钮继续。

　　（20）如图 6-20 所示，在 Internet 连接界面中，设置网络连接方式，可以左击"跳过"按钮设置或左击"下一步"按钮继续完成设置。

图 6-19　Windows XP 向导界面

图 6-20　连接到 Internet 设置界面

（21）如图 6-21 所示，出现激活 Windows 界面，选择"否，请等候几天提醒我"，左击"下一步"按钮继续。

（22）如图 6-22 所示，输入平时使用计算机的其他用户名称，左击"下一步"按钮继续。

图 6-21　激活 Windows 界面

图 6-22　创建用户界面

（23）如图 6-23 所示，左击"完成"结束安装，系统将注销并重新以新用户身份登录。

（24）如图 6-24 所示，Windows XP 重启后，登录桌面显示了 Windows XP 经典蓝天白云的画面。系统安装完成后，还需要安装驱动程序，设置网络连接，激活系统，安装必要的办公、工具、安全软件才能正常使用。

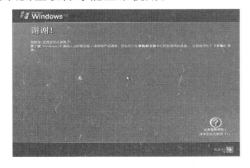

图 6-23　设置完成界面

图 6-24　初始登录桌面

6.1.5　任务拓展

Windows 升级服务包的安装。

因为软件有维护周期的问题,所以微软公司的 Windows 系统经常会出现各种漏洞。为了解决这个问题,微软公司会定期在其官方网站上发布一些系统补丁,以方便用户在网上升级。当补丁太多或者提供新的功能或服务时,就把这些文件打成一个包,称之为 SP(服务包,ServicePack,它是微软针对已经发现的问题进行修补的程序),SP1 就是第一个升级补丁包,SP2 就是第二个升级补丁包。如 Windows 2000 有 4 个包(其中 SP4 安全性能最好),Windows XP 中 SP3 安全性能最好,Window 7 目前有 SP1 服务包。下面以 Windows XP SP3 服务包安装为例,学习补丁服务包安装。

目前的 Windows XP 版本,一般都集成了 SP2 的安装包,如果使用的是 Windows XP SP1 的版本,那么可以先下载 SP2 的安装包,再执行安装就可以了。

(1)以简体中文版的 Windows XP 为例,从 Microsoft 官方网站或相关网站,把 SP3 的安装包下载到本地硬盘中,该升级包大约有 334 MB 左右。

(2)双击所下载的可执行程序,解压后,即可打开升级向导。

(3)单击"下一步"按钮,然后按照向导的提示,像安装普通程序一样,一步步进行操作,最后打开"正在完成 Windows XP Service Pack 3 安装向导"对话框。

(4)安装提示重新启动计算机,在重新启动计算机后(出现桌面之前)会有一个新界面,即系统要求配置自动更新。至此,升级到 Windows XP Service Pack 3 就完成了。

查看 Windows XP 版本的方法是,左击执行"开始"|"运行"菜单,打开"运行"对话框,输入"winver"命令,左击"确定"按钮即可。也可以右击桌面上"我的电脑"图标,在弹出的快捷菜单中选择"属性"命令,在"常规"选项卡中就可以查看 Windows XP 的版本。

6.2 任务 2 安装 Windows 7 系统

6.2.1 任务描述

国宇同学的计算机硬盘已完成分区和格式化操作,现由于工作需求希望你帮助他对该计算机安装 Windows 7 操作系统。

6.2.2 任务分析

作为现代计算机维护人员,安装操作系统是一项基本技能。在安装操作系统时,要根据用户的需求和实际机器配置合理地选择相应的操作系统。本任务要求熟练安装 Windows 7 操作系统。

6.2.3 知识必备

Windows 7 的十大主要改进如下所示。

(1)更佳的桌面。Windows 7 可以让您比以前更快地浏览您的电脑。任务栏有了更大的按钮和全尺寸预览,而且您可以将程序锁定到任务栏以进行单击访问。跳转列表(Jump List)可提供到文件、文件夹和网站的快捷方式。鼠标拖拽操作、桌面透视和晃动可以让您以轻松、有趣的全新方式在所有开启的窗口之间切换。

(2)更智能的搜索。在"开始"菜单的搜索框中键入搜索内容,然后您将立即看到按类别(例如,文档、图片、音乐、电子邮件和程序)分组的结果。在文件夹或库中搜索时,您可以使用筛选器(如日期或文件类型)微调搜索结果,并使用预览窗格查看结果。

(3)通过家庭组轻松实现共享。在您的家庭网络上共享文件和打印机会非常简单。通过家庭组,实现了这个目标。将两台或更多台运行 Windows 7 的电脑互相连接之后,不需要太多的操作就可以开始与家中的其他人分享音乐、图片、视频和文档。

(4)为更快速度而构建。Windows 7 带来了重大性能改进——占用更少的内存,只在需要时才运行后台服务。这样可以更快地运行您的程序,并能更迅速地休眠、恢复和重新连接到无线网络。借助于 64 位支持,您可以充分利用功能强大的最新 64 位电脑。

(5)更好的无线网络。将笔记本电脑连接到无线网络在以前比较麻烦,现在只需几次单击。您可以从任务栏的可用网络列表中选择,单击某个网络,然后连接。一旦连接到网络,则 Windows 将会记住此网络,之后可以自动再次连接。

(6)Windows 触控技术。在触摸屏电脑上使用手指浏览网页、浏览照片以及打开文件夹和文件。Windows 第一次包含了真正的多点触控技术。多点触控提供缩放、旋转甚至右键单击等各种笔势,是使用电脑的全新方式。

(7)出色地支持各种设备。Device Stage 是 Windows 7 中的新增功能,其作用类似于便携式音乐播放器、智能手机和打印机等设备的主页。在电脑中插入兼容设备时,您将看到一个菜单,上面显示类似电池使用时间、可下载的照片数以及打印选项等相关信息和常见任务。

(8)媒体流。使用 Windows Media Player 12 中的新功能,您可以在家中或城镇区域内欣赏您的媒体库。播放到功能可以让您以媒体流方式将音乐、视频和照片从您的电脑传输到立体声设备或电视上(可能需要其他硬件)。借助于远程媒体流,您甚至可以从一台运行 Windows 7 的电脑将媒体流通过 Internet 传输到数英里外的另一台电脑。

(9)Internet Explorer 9 和 Windows Live。Windows 7 发挥 Internet Explorer 9 的最大潜能:从令人惊叹的硬件加速图形,到直接从任务栏启动常用网站的功能。您还可以使用 Windows Live 的众多功能,而且是免费的:创建相册和影片、进行高清聊天、随时随地共享您的信息。

(10)通知不再令人烦恼。操作中心是 Windows 7 中的新功能,可以让您控制各种维护和安全消息。您可以对以下功能启用或禁用通知:Windows Defender 或用户账户控制,如果 Windows 需要引起您的注意,则将在任务栏最右方看到通知。单击通知,您将会获得针对某些问题所建议的修复操作。

6.2.4　任务实施

(1)首先准备好 Windows 7 系统光盘,并设置好光驱启动。光盘启动后如图 6-25 所示,系统自动加载文件。

(2)如图 6-26 所示,安装程序正在启动。

图 6-25 加载文件界面

图 6-26 安装程序启动界面

（3）如图 6-27 所示，选择您要安装的语言类型，同时选择适合时间和货币格式及键盘和输入方法，左击"下一步"按钮继续。

（4）如图 6-28 所示为 Windows 7 版本选择界面。按照出厂系统版本的不同，此处可能略有不同，本任务选择 Windows 7 旗舰版，左击"下一步"按钮继续。

图 6-27 语言和时间设置界面

图 6-28 版本选择界面

（5）如图 6-29 所示，同意许可条款，勾选"我接受许可条款（A）"后，左击"下一步"按钮继续。

（6）如图 6-30 所示，进入安装类型选择界面，此处有两个选项："升级（U）"和"自定义（高级）（C）"，根据需要进行选择，本任务选择"自定义（高级）（C）"。

图 6-29 许可条款界面

图 6-30 安装类型选择界面

（7）如图 6-31 所示，进入磁盘分区界面，选中磁盘，左击"驱动器选项（高级）"。

（8）如图 6-32 所示，左击"新建"按钮。

（9）如图 6-33 所示，输入分区的大小，并左击"应用"按钮。

（10）如图 6-34 所示，Windows 7 系统会自动生成一个 100 MB 的空间用来存放 Windows 7 的启动引导文件，创建好主分区后的磁盘状态，这时会看到，除了创建的 C 盘和一个未划分的空间，还有一个 100 MB 的空间。

图 6-31　分区界面

图 6-32　驱动器选项界面

图 6-33　新建分区界面

图 6-34　主分区创建成功界面

（11）如图 6-35 所示，选中未分配空间，左击"新建（E）"，创建新的分区。

（12）如图 6-36 所示，左击"应用"按钮，将剩余空间全部分给第二个分区，也可以根据实际情况将硬盘分成多个分区。

图 6-35　硬盘分区界面

图 6-36　新分区创建界面

（13）如图 6-37 所示，创建第二个分区完成，选择要安装系统的分区，本任务选择"磁盘 0 分区 2"，左击"下一步"按钮继续。

（14）如图 6-38 所示，系统开始展开文件自动安装系统。

（15）如图 6-39 所示，完成"安装更新"后，会自动重启，进入安装的第一次重启阶段。

（16）如图 6-40 所示，Windows 7 系统开始启动。

图 6-37　Windows 安装位置界面

图 6-38　系统安装界面

图 6-39　准备重启界面

图 6-40　启动界面

（17）如图 6-41 所示,安装程序正在启动服务。

（18）如图 6-42 所示,安装程序会自动继续进行安装,直到完成安装。

图 6-41　启动服务界面

图 6-42　Windows 安装界面

（19）如图 6-43 所示,安装程序将在重新启动您的计算机后继续。

（20）如图 6-44 所示,安装程序正在为首次使用计算机做准备。

图 6-43　再次重新启动画面

图 6-44　为首次使用计算机做准备

（21）如图 6-45 所示，安装程序正在检查视频性能。

（22）如图 6-46 所示，在设置 Windows 界面，输入用户名和计算机名，左击"下一步"按钮继续。

图 6-45　检查视频性能界面　　　　　　　　图 6-46　设置用户和计算机名称

（23）如图 6-47 所示，在账户密码设置界面，输入密码和密码提示，需要注意的是，如果设置密码，那么密码提示也必须设置。如果觉得麻烦，也可以先不设置密码，直接左击"下一步"，进入系统后再到"控制面板"|"用户账户"中设置密码，左击"下一步"按钮继续。

（24）如图 6-48 所示，输入 Windows 7 的产品密钥，左击"下一步"按钮继续。

图 6-47　账户密码设置界面　　　　　　　　图 6-48　输入产品密钥界面

（25）如图 6-49 所示，帮助您自动保护计算机以及提高 Windows 的性能，选择"使用推荐设置（R）"。

（26）如图 6-50 所示，设置时区、日期和时间，左击"下一步"按钮继续。

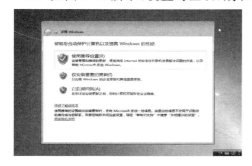

图 6-49　Windows 保护设置界面　　　　　　图 6-50　设置日期和时间界面

（27）如图 6-51 所示，选择计算机当前的位置，如果不确定，选择"公用网络"。

（28）如图 6-52 所示，Windows 系统正在完成系统设置。

图 6-51　计算机位置选择界面　　　　图 6-52　完成设置界面

（29）如图 6-53 所示，Windows 系统正在准备桌面界面。

（30）如图 6-54 所示，Windows 7 系统完成安装并进入默认界面。

图 6-53　Windows 准备桌面界面　　　　图 6-54　Windows 7 系统桌面

6.2.5　任务拓展

Windows 7 SP1 升级包安装过程如下所示。

（1）进入微软下载主页，下载 Windows 7 SP1 安装包后，双击 Windows 7 SP1 安装包，开始安装 Windows 7 SP1，如图 6-55 所示，左击"下一步"按钮继续。

（2）如图 6-56 所示，Windows Service Pack 正在准备计算机。

图 6-55　Windows 7 SP1 安装界面　　　　图 6-56　准备计算机界面

（3）如图 6-57 所示，左击"安装"按钮，开始安装 Windows 7 Service Pack 1。

（4）如图 6-58 所示，程序开始创建系统还原点。

（5）如图 6-59 所示，安装程序开始下载 Windows 7 SP1 所需的安装包。

（6）如图 6-60 所示，Windows 7 SP1 开始安装。

图 6-57　安装界面

图 6-58　创建还原点界面

图 6-59　下载升级包界面

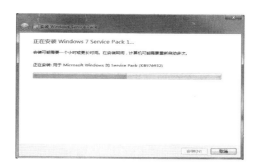

图 6-60　安装升级包界面

（7）如图 6-61 所示，Windows 7 Service Pack 1 升级包安装完成。

（8）如图 6-62 所示，左击菜单执行"控制面板"|"系统和安全"|"系统"，可以查看升级后的 Windows 7 Service Pack 1 界面。

图 6-61　安装完成界面

图 6-62　验证升级结果

6.3　任务 3　安装 Ghost 版系统

6.3.1　任务描述

李东来同学刚组装完一台计算机，现希望向你学习在比较短的时间内安装操作系统的方法,以便于日后系统崩溃后,能够快速安装操作系统。

6.3.2 任务分析

前面学习的 Windows XP 和 Windows 7 的安装过程比较复杂,用时也比较长,大多数用户都想在最短的时间内能把操作系统安装完成。Ghost 版系统的安装就能够满足这方面的要求。本任务使用学习交流用途的深度技术 Ghost Win7 Sp1 电脑城万能装机版v2013.05Ghost系统进行安装。

6.3.3 知识必备

1. 本任务 Ghost 系统的主要特点

(1) 安装维护方便快速,全自动无人值守安装,采用万能 Ghost 技术,安装系统过程只需 5~8 分钟,适合新旧各种机型;集成常见硬件驱动,智能识别＋预解压技术,绝大多数硬件可以快速自动安装相应的驱动;支持 IDE、SATA 光驱启动恢复安装,支持 Windows 下安装,支持 PE 下安装;自带 WinPE 微型操作系统和常用分区工具、DOS 工具,装机备份维护轻松无忧;集成了 SATA/RAID/SCSI 驱动,支持 P45、MCP78、780G、690G 开启 SATA AHCI/RAID。

(2) 运行稳定,兼容性好,使用 Windows 7 旗舰 x86 SP1 简体中文版作为源安装盘,通过正版验证,集成了最新安全补丁;自动安装 AMD/Intel 双核 CPU 驱动和优化程序,发挥新平台的最大性能;支持银行网银,输入密码不会出现浏览器无响应的问题。

(3) 预先优化与更新,集成 DX 最新版,MSJAVA 虚拟机,VB/VC 常用运行库,MSXML4SP2,microsoft update 控件和 WGA 认证;已经破解 UXTHEME 支持非官方主题;系统仅做适当精简和优化,在追求速度的基础上充分保留原版性能及兼容性;集成最常用的办公、娱乐、维护和美化工具,常用软件一站到位;我的文档、收藏夹已移动到 D 盘,免去重装系统前的资料备份。

(4) 智能与自动技术,智能检测笔记本,如果是笔记本则自动关闭小键盘并打开无线及 VPN 服务;自动杀毒;安装过程自动删除各分区下的 autorun 病毒;智能分辨率设置;安装过程可选择几种常见的分辨率,第一次进入桌面分辨率已设置好;自动清除启动项:显卡启动项、声卡启动项只运行一次,第二次重启即可清除。

2. 主要更新

- 更新了系统补丁和 Office 2007 SP2 所有补丁到 2013-05-24(可通过微软漏洞扫描)。
- 更新 QQ 至 QQ2013 3226,显 IP 去广告版。
- 更新酷我音乐 2013 暖春版。
- 更新迅雷至官方 7.2.6.3428 VIP 通道、去广告版。
- 更新 PPS 网络电视至官方 2.7.0.1248 版。
- 更新极点五笔至官方 10 周年正式版。
- 更新暴风影音 5.13.0606.1111。
- 更新搜狗输入法至官方 6.0.5691。
- 更新压缩文档管理软件 WinRAR 至官方 4.01 版。

- 更新 Adobe Flash Player ActiveX For IE 到 11.1.102.63。
- 更新硬盘安装器,增加硬盘安装系统兼容性。
- 更新 DOS 和 PE 下的分区工具 DiskGenius 为 3.8 版。
- 更新好桌道美化软件至 2.1.0.604 版。
- 修正迅雷默认下载地址为 D 盘,而不是桌面,保护资料不丢失。
- 增加数款驱动的支持。
- 其他细节的优化和修正。

3. 系统附带工具和软件

- Microsoft Office 2007 SP2 三合一版(组件完整)。
- WinRAR 4.01 简体中文正式版。
- PPTV 网络电视 3.1.6.0047 正式版。
- 腾讯 QQ2012 3226 显 IP 去广告版。
- 酷我音乐 2013 暖春版。
- 迅雷 7.2.6.3428 VIP 通道、去广告版。
- 暴风影音 5.13.0606.1111。
- 好桌道美化软件 2.1.0.604 版。
- 网络视频点播软件 PPS 2.7.0.1248 官方版。
- 极点五笔输入法官方 10 周年正式版。
- PPS v2.7.0.1486。
- 搜狗拼音输入法 6.0.5691。
- 经典看图软件 ACDSee3.1.+7.0 插件。

6.3.4　任务实施

(1) 安装前的准备工作,下载本系统 ISO 镜像,使用刻录软件,选择映像刻录方式来刻录 ISO 文件,刻录之前请先校验一下文件的准确性,刻录速度推荐 24X;计算机设置为光盘启动或者开机使用快捷键(如 F12)快速选择光盘启动;如果硬盘上重要资料请注意备份;如果硬盘已有系统分区和设置为激活状态可直接执行安装部分;如果硬盘未分区,请参照项目 5 并使用本系统附带的如 DiskGenuis、PQ、DOS 工具等完成硬盘的分区和格式化以及活动分区设置;也可使用本系统的一键分区功能实现快速分区,具体根据实际情况。

(2) 安装方法选择,自动安装,光盘引导后,在光盘启动菜单界面选择全自动安全装选项,系统自动安装到 C 盘;手动安装包括两种方法,可以在光盘启动菜单界面选择进入 WinPE 后在 Windows 环境中使用 Ghost 系统安装,也可在光盘启动菜单界面直接选择 Ghost 直接在 DOS 环境加载 Ghost 系统安装。本任务选择在 WinPE 环境中加载,Windows 32 位模式比 DOS 16 位模式,复制文件速度快速。光盘加载界面如图 6-63 所示,左击"2",系统加载 WinPE 如图 6-64 所示,WinPE 登录欢迎页面如图 6-65 所示,WinPE 系统界面如图 6-66 所示。

图 6-63　光盘启动菜单

图 6-64　WinPE 启动菜单

图 6-65　WinPE 欢迎界面

图 6-66　WinPE 系统界面

（3）左击 WinPE 桌面的"手动运行 Ghost11"，Ghost 软件启动界面如图 6-67 所示，左击"OK"按钮，Ghost 菜单如图 6-68 所示。

图 6-67　Ghost 启动界面

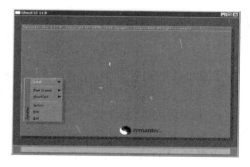

图 6-68　Ghost 菜单

（4）如图 6-69 所示，左击"Local"|"Partition"|"From Image"菜单以便于加载 Windows 7 系统镜像，如图 6-70 所示，左击"Look in:"后的下拉菜单，选择 DVD 光盘，而后在光盘文件中，左击选择"WINDOWS7. GHO"镜像文件，而后左击"Open"按钮；如图 6-71 所示菜单中，选择镜像文件的源分区，左击"OK"按钮；如图 6-72 所示，选择镜像文件安装的目标磁盘，而后左击"OK"按钮；如图 6-73 所示，选择目标磁盘分区，系统一般都安装在第一个分区，也就是 C 盘，而后左击"OK"按钮；如图 6-74 所示，左击"Yes"按钮，Ghost 系统开始执行系统文件恢复安装。

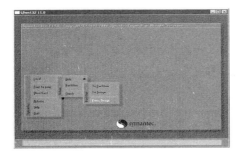

图 6-69　Ghost 恢复镜像

图 6-70　选择镜像文件

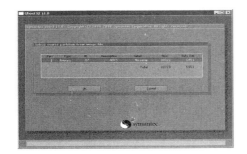

图 6-71　选择镜像源分区

图 6-72　选择镜像目标磁盘

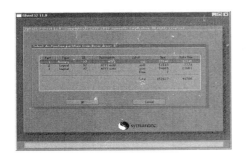

图 6-73　选择镜像目标分区

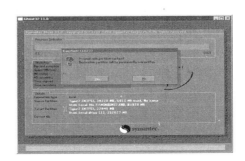

图 6-74　确认镜像执行

（5）Ghost 系统恢复镜像完成后，左击"Reset Computer"WinPE 系统重启动，取出光盘，设置计算机启动顺序为硬盘启动，Windows 7 系统加载，并安装第三方驱动程序，安装设备完成如图 6-75 所示。Windows 7 系统重新启动，安装完成后 Windows 7 系统初始化界面如图 6-76 所示。

图 6-75　Windows 7 安装设备完成

图 6-76　Windows 7 初始化界面

6.3.5 任务拓展

本任务以 Ghost XP 系统的制作为例讲述 Ghost 安装系统制作。

1. 准备工作

(1) 下载工具软件

下载死性不改的电源自动判断程序 S&R&SV9.5.0828。

下载 Dllcache 备份还原工具 DllCacheManager V1.0 龙帝国专用版。

准备好 DEPLOY.CAB,这个压缩包可以在 Windows XP 的安装盘里找到。

下载 Ghost 软件。

(2) 安装系统

正常安装完整操作系统,可采用 FAT32/NTFS 文件格式。

(3) 安装软件并优化系统

安装 Microsoft Office 等工具和办公软件,为防止制作成的备份文件太大,尽量不要安装太多大软件。适当地对系统进行优化,如关闭某些服务、减少开机自动加载程序等。

2. 系统减肥

要将制作成的 Ghost 备份文件放到一张 CD 光盘上,就要保证 Ghost 备份文件不能超过690 MB(1 张 CD 光盘容量为 700 MB),因此需要对系统进行一系列的减肥工作。当然,如果是 DVD 光盘,就没有必要减肥了。

(1) 关闭系统还原

打开控制面板,双击"系统"。在系统属性面板里选择"系统还原",选中"在所有驱动器上关闭系统还原",确定。

(2) 关闭硬盘休眠

打开控制面板,双击"显示",在显示属性面板里选择"屏幕保护程序",左击"电源"按钮,选择"休眠",选中"启用休眠",确定。

(3) 删除无用帮助文件(可选)

删除不需要的帮助文件可以节省空间。但是要注意的是,不能把所有的帮助文件删除,否则制作的万能 Ghost 恢复时会提示有文件无法找到。需要保留 Tours 目录(可删除目录下所有文件只保留空目录即可)及 apps.chm、bnts.dll、javaperm.hlp、javasec.hlp、sniffpol.dll、ss-stub.dll、tshoot.dll、wscript.hlp、WZCNFLCT.CHM 这几个文件。

(4) 使用 DllCacheManager V1.0 龙帝国专用版备份 DllCache 文件。

(5) 清空临时文件夹等其他不必要的文件,包括 C:\Documents and Settings\username\LocalSettings\Temp、C:\WINDOWS\Temp、C:\Documentsand Settings\username\ApplicationData\Microsoft\Office\Recent 等。

如果安装了一些通过 WindowsInstaller 安装的软件,并且以后不打算删除或者修复这些软件,还可以有选择地把 C:\WINDOWS\Installer 下的一些.msi 文件删除。

如果总是用自己的桌面壁纸,也可以把 C:\WINDOWS\Web\Wallpaper 下的一些你看不上眼的壁纸删除。

(6) 删除 C:\windows\ime 下不必要的文件。

(7) 删除 C:\windows\SoftwareDistribution 下的文件。

（8）删除驱动备份：％windows％\drivercache\i386 目录下的 driver.cab 文件，通常这个文件是 76 MB。

（9）删除 C:\windows\RegisteredPackages 下所有目录。

（10）删除 C:\WINDOWS\Downloaded Program Files 下所有的文件。

3. 更改硬件驱动（关键）

（1）制作万能 Ghost 的关键是计算机控制器的选择，这个将决定能否在目标计算机上正确恢复。这里我们要更改计算机控制器为 Standard PC，做法如下：

打开设备管理器，右击执行"计算机"｜"ACPI Uniprocesser PC"｜"更改驱动程序"。在弹出的"硬件更新向导"对话框中选择"从列表指定位置安装"，左击"下一步"按钮；选择"不要搜索，我要自己选择要安装的驱动程序"，左击"下一步"按钮；选中"Standard PC"，左击"下一步"按钮；硬件管理器会自动安装 Standard PC 的驱动。完成后一切 OK。

（2）将 IDE 控制器改为"标准 IDE 控制器"。

4. 系统封装

安装 S&R&SV9.5.0828，按向导提示做就可以了。它会自动在 C 盘根目录建立 sysprep 文件夹。然后把 XP 光盘里的 DEPLOY.CAB 文件释放到 sysprep 文件夹里，然后按如下步骤进行。

（1）制作 sysprep.inf

运行 sysprep 文件夹里的 setupmgr.exe，按照提示制作 sysprep.inf。制作过程傻瓜化，里面大部分步骤可以使用默认设置。但需要注意的是，安装类型这一步必须选择"sysprep 安装"，许可协议这一步最好选择"完全自动安装"，这样可以在安装过程中无须人工干扰。

你可以在"运行一次"里加入你所需要运行的命令，比如把 FAT32 转换为 NTFS 的命令"convert C:/FS:NTFS"等。这个命令可以在安装完成后启动时运行一次。

（2）封装

运行 sysprep 文件夹里 msprep.exe 文件进行封装。在弹出的"系统准备工具"对话框中选中"使用最小化安装"，关机模式可以根据需要选择。

（3）DllCache 文件的删除与恢复

把 DllCacheManager V1.0 龙帝国专用版复制到 C 盘根目录下，运行后左击备份。备份时选择恢复时自动删除或者恢复时显示倒计时，程序可以自己自动写入注册表。最后关机，在光驱中插入启动光盘，启动后制作 Ghost 备份文件。

需要注意的是，这里必须用启动盘来引导计算机重新启动，即使你的系统是双启动，因为封装程序已经修改了启动模式，会直接启动进入系统。

5. 制作 Ghost

Ghost 的具体用法本任务不赘述，制作完成后，最好先在虚拟机里测试一下恢复效果，如果成功的话恭喜你，如果没有成功的话仔细想想刚才的过程是否有错，重新再来。

6. 替换呆滞的背景

Ghost 恢复完成后第二次启动，会出现 XP 的安装界面，这个界面的背景是很难看的蓝色，我们要用比较养眼的背景来替换它，这个背景文件是 windows\system32 目录下的 setup.bmp 文件。这个文件是一张 800×600 的 bmp 格式图片，你只要用自己喜欢的图片来替换即可。

6.4　任务 4　安装驱动程序

6.4.1　任务描述

相云峰同学刚组装完一台计算机,操作系统 Windows XP 已经安装成功,现希望向你学习安装该计算机的驱动程序的常用方法,以便于计算机的日常维护。

6.4.2　任务分析

驱动程序是添加到操作系统中的一小块代码,代码中包含有关硬件设备的信息,有了此信息,计算机就可以与设备进行正常通信。从理论上讲,所有的硬件都要安装驱动程序,否则无法正常工作。计算机在完成操作系统安装后必须进行驱动程序的安装。

6.4.3　知识必备

1. 安装驱动程序的原则

(1) 安装的顺序。首先安装板载的设备,然后是内置板卡,最后才是外围设备。例如,安装 AGP 显卡的补丁可能会造成死机和频繁黑屏,所以应该放在声卡、网卡等板卡之前安装。而安装 Modem 和打印机要在最后安装,因为内置的 Modem 可能会与鼠标或是打印机抢夺系统资源,通常是争夺 IRQ 中断号,所以装完 IDE 和显卡的驱动后再安装 Modem 的驱动。

(2) 驱动程序版本的安装顺序。一般来说新版的驱动应该比旧版更好一些,厂商提供的驱动优先于公版兼容驱动。

(3) 特殊设备的安装。由于有些硬件设备虽然已经安装好了,但 Windows 却无法发现它,这种情况一般直接安装厂商的驱动程序就可以正常使用了,所以在确定硬件设备已经在计算机上安装好后,可以直接把厂商的驱动程序拿来安装。

(4) 摄像头驱动程序的安装。摄像头驱动程序的安装比较特殊,一般的硬件都是先安装硬件再安装软件,而目前大部分摄像头驱动程序都是先安装软件再安装硬件。

2. 安装驱动程序的常见方法

(1) "傻瓜化"安装

目前绝大部分的主板都提供"傻瓜化"安装驱动程序,即在驱动程序光盘中加入了 Autorun 自启动文件,只要将光盘放入到计算机的光驱中,光盘便会自动启动。然后在启动界面中单击相应的驱动程序名称就可以自动进行安装。如果没有自动启动界面,那么可以双击驱动程序光盘中的"Setup.exe"文件,然后连续左击"Next(下一步)"按钮就可以完成驱动程序的安装。

(2) 利用设备管理器安装

使用设备管理器可以更改计算机配件的配置、获取相关硬件的驱动程序的信息以及进行更新、禁用、停用或启用相关设备等。所有的 Windows 操作系统都有设备管理器工具,但不同系统的"设备管理器"窗口会稍有不同,其打开方法也不完全相同。在 Windows XP 系统(Windows 2000/2003 系统类似)中,可以右击桌面上"我的电脑"图标,选择"属性"命令,打开"系统属性"对话框,选择"硬件"选项卡,然后左击"设备管理器"按钮即可打开"设备管理器"窗口。

如果在"设备管理器"窗口中没有打问号和感叹号的标识而且显示正常,表明该计算机已经安装了所有的驱动程序。如果有一些驱动还没有成功地被安装,会在"设备管理器"的"其他设备"项中出现打问号和感叹号的标示。在"设备管理器"窗口中,如果发现一些硬件有"?"时,要先把它删除掉后,再安装其驱动程序,而在安装外围设备驱动程序前,先确定设备所用的端口是否可用。如果是不需要的设备,则可以在 BIOS 中禁用它,这样可以减少设备资源冲突的发生。如果出现硬件中断号冲突,可以为发生冲突的设备分配可用的资源。

一般情况下,在"设备管理器"窗口中,左击安装设备类型前面的＋号,然后右击需要安装驱动程序的设备名称(如即插即用监视器),在弹出的菜单中选择"更新驱动程序"命令,即可打开"硬件更新向导"窗口,然后根据向导提示安装其驱动程序。

(3) 使用"显示属性"对话框安装

在 Windows XP 系统中(下面都以 Windows XP 为例介绍),对于显示器或显卡的驱动,也可以在"显示属性"对话框中安装,方法是右击桌面空白处,在弹出的快捷菜单中选择"属性"命令,打开"显示属性"对话框,选择"设置"选项卡。

左击"高级"按钮,打开相应的对话框(该对话框根据安装的显示器和显卡的不同而不同),再选择"适配器"(或"监视器")选项卡,左击"属性"按钮,在打开的对话框中,选择"驱动程序"选项卡,在此可以安装或更新其驱动程序。

(4) 打印机(或扫描仪)驱动程序的安装

安装打印机驱动程序与安装一般驱动程序的方法一样。当打印机与计算机连接好之后,打开打印机电源,然后启动 Windows XP,则系统会自动检测到新硬件,用户此时只要指定安装一个驱动程序就可以了。如果没有检测到新硬件,则可以左击"开始"按钮,选择"设置"|"打印机和传真"命令,打开"打印机和传真"窗口。然后左击窗口左端的"打印机任务"栏中的"添加打印机"链接,打开"欢迎使用添加打印机向导"对话框,再根据向导提示进行安装。

3. 获得驱动程序的主要途径

(1) 通用兼容驱动程序

Windows 附带了鼠标、光驱等硬件设备的驱动程序,无须单独安装驱动程序就能使这些硬件设备正常运行,因此,把这类驱动程序称为标准驱动程序。除了鼠标、光驱等设备的通用驱动程序之外,Windows 还为其他设备(如一些著名的显卡、声卡、网卡、Modem、打印机、扫描仪等)提供了大众化的驱动程序,不过系统附带的驱动程序都是微软公司制作的,它们的性能没有硬件厂商提供的驱动程序好。

(2) 硬件厂商提供

一般来说,购买各种硬件设备时,其生产厂商都会针对自己的硬件设备的特点开发专门的驱动程序,并采用光盘的形式在销售硬件设备的同时提供给用户。

(3) 通过 Internet 下载

通过 Internet 下载往往能够得到最新的驱动程序。硬件厂商将相关的驱动程序放到 Internet 上供用户下载,这些驱动程序大多是硬件的较新版本,可对系统硬件的驱动进行升级。除了硬件厂商的网站之外,提供驱动下载的网站还有驱动之家、太平洋电脑网等。

6.4.4 任务实施

1. 安装驱动初始化

(1) 将准备好的主板驱动光盘(本任务以技嘉 GA-MA69G-S3H 为例)放入光驱。光盘自运行进入驱动安装界面,如图 6-77 所示。

(2) 如图 6-78 所示,经检测需要安装的设备驱动程序,包括芯片组驱动、网卡驱动、声卡驱动、显卡驱动(因显卡是独立显卡,不是用的该主板的内置显卡,所以在此没有显示显卡驱动)。

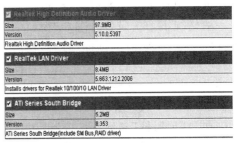

图 6-77　驱动光盘自启动界面　　　　　　图 6-78　需安装驱动截图

2. 主板驱动安装

(1) 如图 6-79 所示,左击启动界面"ATi series south bridge"后的"install"键,进入芯片组驱动安装。

(2) 如图 6-80 所示,左击"下一步"按钮,进入 ATi series south bridge 驱动程序安装。

图 6-79　准备安装程序界面　　　　　　图 6-80　程序安装向导界面

(3) 如图 6-81 所示,进入许可证协议界面,左击"是"按钮,进入程序安装过程。

(4) 如图 6-82 所示,驱动程序安装正在进行。

图 6-81 许可证协议界面

图 5-82 驱动程序安装过程界面

（5）如图 6-83 所示，ATi series south bridge 驱动程序安装完成并要求重新启动计算机。

2. 网卡驱动安装

（1）左击启动界面"REALTEK LAN Driver"后的"install"按钮，进入网卡驱动安装，准备安装界面如图 6-84 所示。

图 6-83 程序安装完成界面

图 6-84 驱动程序安装过程界面

（2）如图 6-85 所示，驱动安装欢迎界面，左击"下一步"按钮，进入网卡驱动程序安装向导。

（3）如图 6-86 所示，在驱动安装确认界面，左击"安装"按钮，安装网卡驱动程序。

图 6-85 网卡驱动安装向导界面

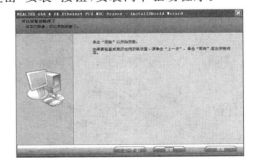

图 6-86 可以安装网卡驱动界面

（4）如图 6-87 所示，网卡驱动程序正在安装过程。

（5）如图 6-88 所示，左击"完成"按钮完成网卡驱动安装。

图 6-87　网卡驱动安装过程界面　　　　图 6-88　网卡驱动安装完成界面

3. 声卡驱动的安装

（1）左击启动界面"Realtek Definition Audio Driver"后的"install"按钮，进入声卡驱动准备安装界面，如图 6-89 所示。

（2）如图 6-90 所示，在声卡驱动安装界面，左击"下一步"按钮，进入驱动程序的安装。

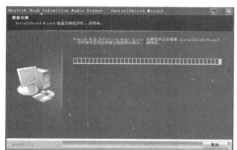 

图 6-89　声卡驱动安装准备界面　　　　图 6-90　声卡驱动安装向导界面

（3）如图 6-91 所示，声卡驱动程序正在安装。

（4）如图 6-92 所示，安装程序提示重启计算机，左击"完成"按钮，以完成声卡驱动程序安装。

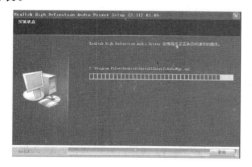 

图 6-91　声卡驱动安装过程界面　　　　图 6-92　驱动安装完成界面

4. 显卡驱动的安装

（1）将显卡的驱动光盘放入光驱。如图 6-93 所示，光盘自动运行进入驱动安装界面，左击"Display Adapter Driver Setup"，进入安装选择界面。

（2）如图 6-94 所示，左击"Video 简易安装"，进入驱动安装界面。

图 6-93 显卡驱动光盘界面

图 6-94 显卡驱动选择界面

（3）如图 6-95 所示，安装程序正在进行安装的准备。

（4）如图 6-96 所示，程序进入安装向导界面，左击"下一步"按钮继续。

图 6-95 安装程序准备界面

图 6-96 ATI软件安装程序欢迎界面

（5）如图 6-97 所示，在阅读许可证协议界面后，左击"是"进入下一步操作。

（6）如图 6-98 所示，在选择组件界面，选择安装组件，本任务左击"快速安装：推荐"执行安装。

图 6-97 许可协议界面

图 6-98 选择安装组件界面

（7）如图 6-99 所示，安装程序准备安装向导。

（8）如图 6-100 所示，安装程序正在复制文件。

图 6-99 安装向导准备界面

图 6-100 复制文件界面

（9）如图 6-101 所示，安装向导将指导你完成设置安装程序。

（10）如图 6-102 所示，安装程序提示重启计算机，左击"完成"按钮，以完成显卡驱动程序安装。

图 6-101　程序安装过程界面

图 6-102　完成驱动安装界面

6.4.5　任务拓展

以下是驱动精灵的使用步骤。

（1）网上下载并安装完成驱动精灵 2013 安装后，启动界面默认为基本状态界面，如图 6-103 所示。

（2）左击主界面"硬件检测"菜单，计算机硬件信息如图 6-104 所示。

图 6-103　驱动精灵 2013 主界面

图 6-104　显示计算机硬件信息界面

（3）左击"处理器信息"菜单，计算机 CPU 信息如图 6-105 所示。

（4）左击"主板信息"菜单，计算机主板信息如图 6-106 所示。

图 6-105　处理器信息界面

图 6-106　主板信息界面

（5）左击"内存信息"菜单，计算机内存信息如图 6-107 所示。

（6）左击"显卡信息"菜单，计算机显卡信息如图 6-108 所示。

其他设备信息可以按需获取，为硬件资产的监管提供方便，为硬件升级提供参考。

图 6-107　内存信息界面　　　　　　　　　图 6-108　显卡信息界面

（7）左击主界面"驱动程序"菜单，如图 6-109 所示，默认为驱动程序标准模式，可以根据需要下载并安装计算机硬件驱动程序。

（8）左击"玩家模式"菜单，如图 6-110 所示，针对特定用户进行如显卡、声卡、网卡驱动优化下载安装。

图 6-109　驱动程序标准模式　　　　　　　图 6-110　驱动程序玩家模式

（9）左击"驱动微调"菜单，如图 6-111 所示，用户可根据需要对具体设备的驱动版本进行优化选择安装。

（10）左击主界面"系统补丁"菜单，如图 6-112 所示，用户可根据需要选择安装适合本系统的系统漏洞补丁，以提高系统安全性能。

图 6-111　驱动程序标准模式　　　　　　　图 6-112　系统补丁

（11）左击主界面"软件管理"菜单，如图 6-113 所示，用户可根据需要在"软件宝库"、"游戏宝库"选项中进行软件下载，在"软件升级"、"软件卸载"进行软件的升级与卸载。

（12）左击主界面"百宝箱"菜单，如图 6-114 所示，可以安装驱动、备份和恢复驱动，安装其他特定软件，驱动备份界面如图 6-115 所示，驱动还原界面如图 6-116 所示，其他操作用户可根据需要自行选择执行。

图 6-113　软件管理界面

图 6-114　百宝箱

图 6-115　软件管理界面

图 6-116　百宝箱

6.5　项目实训　各种计算机的系统安装

6.5.1　项目描述

公司最近采购了一批计算机，由于工作性质不同，在不同的工作岗位需要安装不同的操作系统。操作系统类型包括 Windows XP 和 Windows 7。

6.5.2　项目要求

（1）使用正常安装模式安装 Windows XP。

（2）使用正常安装模式安装 Windows 7。

（3）使用 Ghost XP 安装 Windows XP。

（4）使用 Ghost Win7 安装 Windows 7。
（5）安装各操作系统驱动程序

6.5.3 项目提示

本项目实训涉及的操作系统只有两种，但作为一个现代计算机销售和维护人员必须熟练准确的根据客户的千差万别的要求安装不同的操作系统，必须做到举一反三，在学习安装 Windows XP 和 Windows 7 的基础上，真正熟练掌握 Windows XP、Windows 2003 Server、Windows 2008 Server 、Windows 7 以及 Redhat Linux 等操作系统的安装。

6.5.4 项目实施

本项目在计算机组装维护机房进行，需要各组设置计算机设备引导顺序，对硬盘进行分区、格式化和安装系统的操作；正常安装系统，每个系统安装时间设置为 80 分钟，Ghost 版系统安装时间设置为 40 分钟；项目实施采用 3 人一组的方式进行，每个组内的任务自主分配，加强学生知识和技能的职业能力培养，同时，通过团队合作加强学生的通用能力培养，从而提高学生的整体职业素养。

6.5.5 项目评价

表 6-1 项目实训评价表

	内容	评价		
	知识和技能目标	3	2	1
职业能力	了解常见操作系统			
	了解 Ghost 版系统			
	熟练正常模式安装 Windows 系统			
	熟练 Ghost 方式安装 Windows 系统			
	熟练各种安装驱动程序的方法			
通用能力	语言表达能力			
	组织合作能力			
	解决问题能力			
	自主学习能力			
	创新思维能力			
综合评价				

项目 7　安装常用软件

没有软件的计算机无法运行任何事务,常用软件就是常用的应用软件。应用软件是指用户利用特定计算机系统为解决问题而编制的一系列计算机程序,包括工具软件、办公软件等,如多媒体播放软件暴风影音、绘图软件 Photoshop、电子表格软件 Excel 等都属于应用软件,此外,游戏也属于应用软件。

【知识目标】

(1) 了解常用办公软件。

(2) 了解常用工具软件。

【技能目标】

(1) 熟练安装常用办公软件。

(2) 熟练安装常用工具软件。

7.1　任务 1　安装常用办公软件

7.1.1　任务描述

张飞燕办公室计算机已经完成操作系统和驱动程序安装,现希望获取你的帮助,为该计算机安装常用的办公软件。

7.1.2　任务分析

作为现代计算机维护人员,安装常用办公软件是一项基本技能。在安装办公软件时,要根据用户的需求对办公软件进行合理的选择,并能够熟练完成常用办公软件的安装。本任务以 Microsoft Office 2010 版的自定义安装和 Adobe Photoshop CS 为例学习。

7.1.3　知识必备

常用办公软件指可以进行文字处理(Word)、表格制作(Excel)、幻灯片制作(PPT)、简单数据库的处理等方面工作的软件。当然,随着信息化技术的广泛应用,简单图像处理也是办公文员必须使用的软件,如 Adobe Photoshop CS 软件等。

(1) 微软的 Office 系列:老牌的办公软件,商业版本,功能强大,但资源消耗过多依然是让人头疼的问题。Office 2013 几乎包括了 Word、Excel、PowerPoint、Outlook、Publisher、OneNote、Groove、Access、InfoPath 等所有的 Office 组件。

(2) 金山 WPS 系列:金山 WPS 经过多年的发展,功能强大且小巧方便。使用更加符合国人习惯,目前各地政府机构都是用正版的 WPS 软件。它是除了微软办公系统,最为流行的文字处理软件。现在已经有 WPS Office 2013 版包括免费的个人版和收费的专业版。

(3) 红旗 RedOffice 系列:RedOffice 是国内首家跨平台的办公软件,同样支持包含文字、表格、幻灯、绘图、公式和数据库六大组件。从文字撰写到报表编制、图表分析、幻灯演示等各类型文档均可以轻松制作。他的功能跟微软是不相上下的。

(4) 永中 Office 系列:完全自主知识产权 Office 办公软件,实现文字处理、表格制作、幻灯片制作等功能,精确双向兼容微软 doc 、docx 等格式。

(5) Adobe Photoshop:简称"PS",是由 Adobe Systems 开发和发行的图像处理软件,自1990 年发布 Photoshop 1.0.7 版后,不断增强处理功能。Photoshop 主要处理以像素所构成的数字图像。使用其众多的编修与绘图工具,可以更有效地进行图片编辑工作。2003 年,Adobe 将 Adobe Photoshop 8 更名为 Adobe Photoshop CS。2013 年,Adobe 公司推出了最新版本的 Photoshop CC,自此,版本 Adobe Photoshop CS6 是 Adobe Photoshop CS 系列最后一个版本。

7.1.4 任务实施

1. Microsoft Office 2010 的安装

(1) 购买正版 Microsoft Office 2010 软件光盘后,当然为了使用的方便可以复制到本地硬盘存储,双击"setup. exe"安装程序后,打开安装对话框,如图 7-1 所示。

(2) Office 2010 安装程序准备文件完成后,显示许可协议对话框如图 7-2 所示,左击选中"我接受此协议的条款(A)"复选框,左击"继续"按钮。

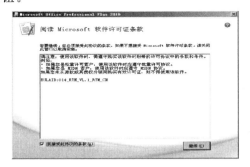

图 7-1 Office 2010 安装准备   图 7-2 Office 2010 许可协议

(3) 如图 7-3 所示,选择合适的安装类型,默认组件选项的立即安装和自定义安装,本任务根据需要左击"自定义"按钮,选择必要的软件组件,减少不必要的软件安装。

(4) 如图 7-4 所示,本任务在"安装选项"选项卡,通过右击选择相应选项,执行全部安装、部分安装、不安装组件,选择完成后,下方会显示所有选项占用硬盘的空间。

（5）如图 7-5 所示，在"文件位置"选项卡，设置软件的安装目录，本任务采用默认路径。

（6）如图 7-6 所示，在"用户信息"选项卡，输入用户信息，当然也可以不输入，左击"继续"按钮执行安装任务。

图 7-3　Office 2010 安装方法

图 7-4　Office 2010 安装选项

图 7-5　Office 2010 安装位置

图 7-6　Office 2010 用户信息

（7）如图 7-7 所示，Office 2010 正在安装，用户只需耐心等待直到完成安装进度。

（8）如图 7-8 所示，左击"关闭"按钮 Office 2010 安装完成，此时开始菜单已经生成 Office 菜单，为使用方便可以将其快捷方式发送到桌面，如图 7-9 所示。

图 7-7　Office 2010 安装位置

图 7-8　Office 2010 用户信息

2. Adobe Photoshop CS 的安装

（1）购买正版 Adobe Photoshop CS 软件光盘后，当然为了使用的方便可以复制到本地硬盘存储，双击"setup. exe"安装程序后，打开安装对话框，如图 7-10 所示。

图 7-9　办公软件桌面快捷方式

图 7-10　PS 安装准备

（2）如图 7-11 所示，显示 Adobe Photoshop CS 和 ImageReady CS 安装程序，左击"下一步"按钮。

（3）如图 7-12 所示，显示软件许可协议，左击"是"按钮，同意协议并继续安装。

图 7-11　PS 安装向导

图 7-12　PS 软件许可协议

（4）如图 7-13 所示，在客户信息对话框，输入个人或公司信息和序列号，左击"下一步"按钮。

（5）如图 7-14 所示，客户信息确认对话框，左击"下一步"按钮。

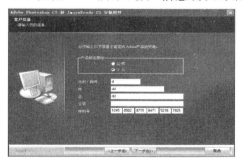

图 7-13　PS 客户信息

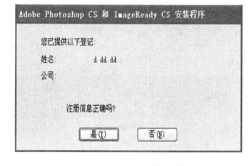

图 7-14　PS 客户信息确认

（6）如图 7-15 所示，在选择目的地位置对话框中选择软件的安装位置，当然也可默认位置，完成后左击"下一步"按钮。

（7）如图 7-16 所示，在文件关联对话框中选择该软件打开的文件类型，当然也可默认位置，完成后左击"下一步"按钮。

（8）如图 7-17 所示，软件安装程序确认用户设置的安装信息和安装后菜单生成的位置。

（9）如图 7-18 所示，软件开始安装直到完成。

（10）如图 7-19 所示，软件安装完成，并默认显示 Photoshop 自述文件，当然也可去掉复选框，不查看文件，左击"完成"按钮。

（11）如图 7-20 所示，软件安装程序弹出 Adobe 公司的鸣谢界面，左击"确定"按钮，软件安装完成并可以使用。

图 7-15　PS 客户信息

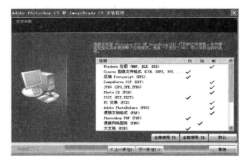

图 7-16　PS 客户信息确认

图 7-17　PS 安装信息确认

图 7-18　PS 安装进程

图 7-19　PS 安装完成

图 7-20　PS 感谢界面

7.1.5　任务拓展

金山公司开发的 WPS Office 经历了多年的研发和应用，在国内和部分亚洲国家的办公软件市场占有一定份额，是国产软件中较为成功的办公系统，其个人版软件免费，专业版软件收费，本任务以 WPS Office 2013 个人版为例进行安装学习。

（1）登录金山网站 http://www.kingsoft.com，左击执行"金山产品"|"WPS Office 2013 个人版"免费下载该软件，下载完成后，双击其安装程序，启动其安装向导，如图 7-21 所示。

（2）左击"更改设置"链接，选择 WPS Office 2013 个人版的安装路径，如图 7-22 所示，本任务使用默认设置，用户可根据实际情况设置，左击"立即安装"按钮。

（3）如图 7-23 所示，WPS 按用户的设置路径执行安装，用户只需要耐心等待，直到完成。

（4）如图 7-24 所示，WPS 完成安装后，在桌面自动生成办公软件的快捷方式。

图 7-21　WPS 安装初始界面

图 7-22　WPS 更改设置界面

图 7-23　WPS 安装进度

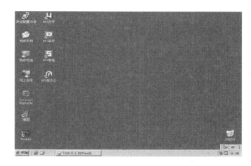

图 7-24　WPS 安装完成界面

7.2　任务 2　安装常用工具软件

7.2.1　任务描述

张飞燕办公室计算机已经完成操作系统和驱动程序安装和办公软件，现希望获取你的帮助，为该计算机安装常用的工具软件。

7.2.2　任务分析

作为现代计算机维护人员，安装常用工具软件是一项基本技能。在安装工具软件时，要根据用户的需求对工具软件进行合理的选择，并能够熟练完成常用工具软件的安装。本任务以压缩解压缩软件 WinRAR、媒体播放软件暴风影音、下载软件迅雷为例学习。

7.2.3 知识必备

常用工具软件如下所示。
（1）中文输入：搜狗拼音、紫光拼音、万能五笔、极品五笔等。
（2）网页浏览：IE 浏览器、搜狗浏览器、百度浏览器、360 安全浏览器、QQ 浏览器等。
（3）压缩工具：WINRAR、7-Zip、Winzip、WinAce、HaoZip 等。
（4）下载工具：迅雷、网际快车、超级旋风、影音传送带等。
（5）杀毒软件：诺顿、卡巴斯基、360 杀毒、金山毒霸、瑞星杀毒等。
（6）媒体播放：暴风影音、Kmplayer、Windows Media Player、Realplayer 等。
（7）MP3 播放：Winamp、千千静听、酷狗、Foobar 等。
（8）虚拟光驱：Deamon Tools、WINISO、碟中碟虚拟光驱、UltraISO 等。
（9）光盘刻录：Nero Burning ROM、Alcohol 120％、EasyCD Creator、CDRWin 等
（10）截屏软件：HyperSnap-DX SnagIt、红蜻蜓抓图精灵、SPX、QQ 等。
（11）辅助测试：EVEREST、SiSoftware Sandra、HWiNFO、PCMark05 等
（12）看图软件：ACDSee、Windows 照片和传真查看器、豪杰大眼睛、美图看看等。

7.2.4 任务实施

1. WinRAR 解压缩软件的安装

（1）正规渠道购买 WinRAR 自解压程序（虽然是压缩文件，但不需要解压缩程序即可打开运行的程序）复制到本地计算机中，双击该自解压程序，打开安装对话框，如图 7-25 所示，可左击"浏览"按钮来指定安装的路径，但也可使用其默认路径，左击"安装"按钮进行安装。
（2）如图 7-26 所示，设置软件的关联文件类型、关联菜单等，左击"确定"按钮。
（3）如图 7-27 所示，WinRAR 显示安装信息，左击"完成"按钮，软件完成安装。
（4）如图 7-28 所示，运行 WinRAR 软件的工作界面。
（5）如图 7-29 所示，右击 WinRAR 关联的文件包，可对其进行解压缩。
（6）如图 7-30 所示，右击文件夹或文件，可将其转换为压缩包文件。

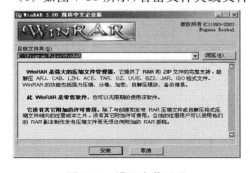

图 7-25 设置安装目录

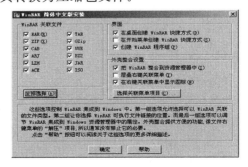

图 7-26 设置文件关联

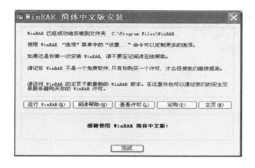

图 7-27　安装完成

图 7-28　WinRAR 软件界面

图 7-29　解压文件

图 7-30　添加压缩文件

2. 迅雷下载软件

（1）从迅雷官网 http://www.xunlei.com 下载最新版的迅雷软件（迅雷软件为免费软件，本任务下载的为迅雷 7.9）到本地计算机，然后双击其安装程序，如图 7-31 所示为迅雷程序的初始化安装界面，左击"选项"按钮。

（2）如图 7-32 所示，设置迅雷安装路径，也可默认，并设置是否添加桌面快捷方式、是否添加多浏览器支持、是否开机启动迅雷；笔者建议安装软件时，一定要注意软件的附加选项，因为即使软件本身不是恶意软件，但其附带的选项可能影响用户的其他使用；设置完成后，左击"接受并安装"按钮。

图 7-31　安装初始界面

图 7-32　设置安装目录

（3）如图 7-33 所示，在自定义安装选项中，根据需要选择（默认全部选择），笔者认为计算机不需要这几个选项，将其去掉了，选择完成后，左击"立即安装"。

（4）如图 7-34 所示，迅雷软件正在安装，用户耐心等待直到完成。

图 7-33　自定义安装选项

图 7-34　迅雷安装过程

（5）如图 7-35 所示为迅雷软件启动后的工作界面,用户可以申请迅雷普通或 VIP 会员,以提高下载速度,共享迅雷资源等。迅雷软件安装后,用户在下载程序时一般会弹出迅雷下载选项,也可复制资源链接,并通过迅雷的"新建"粘贴连接后实现资源下载。

图 7-35　迅雷软件界面

图 7-36　安装初始界面

3. 暴风影音

（1）从暴风影音官网 http://www.baofeng.com/下载最新版的暴风影音软件（暴风影音软件为免费软件,本任务下载的为暴风影音 5）到本地计算机,然后双击其安装程序,如图 7-36所示为暴风影音程序的初始化安装界面,左击"开始安装"按钮。

（2）如图 7-37 所示,设置暴风影音的安装路径以及附加的安装选项,用户根据需要进行设置。本任务中,使用了默认路径,但是未选择安装任何附加选项（默认全部选择）,左击"下一步"按钮。

（3）如图 7-38 所示,显示暴风合作企业的安装软件,用户可根据需要选择（默认全部选择）,本任务未选择安装任何第三方软件,左击"下一步"按钮。

图 7-37　设置安装目录

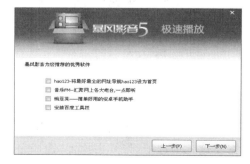

图 7-38　第三方软件安装

（4）如图 7-39 所示，显示第三方播放组件，用户可根据需要选择，完成后，左击"下一步"按钮。

（5）如图 7-40 所示，暴风影音 5 软件正在安装，用户只需安心等待直到完成。

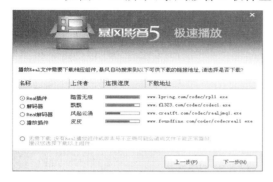

图 7-39　设置安装组件　　　　　　　　　图 7-40　软件安装过程

（6）如图 7-41 所示为暴风影音 5 软件界面，用户可在线浏览暴风影音的影视频资源，也可添加本地资源播放。当然注册暴风影音普通或 VIP 用户后，可享受更多的影视服务，并减少广告数量。

7.2.5　任务拓展

测试计算机硬件信息的软件众多，如 EVEREST、鲁大师、Windows 优化大师、超级兔子、驱动精灵等。EVEREST 是以其独特技术在硬件的参数、实时电压、实时温度等测试中性能优异，以下是其安装步骤。

（1）从网上下载共享版软件或购买正版软件，打开程序文件包后，双击安装程序并启动安装向导，如图 7-42 所示，"选择安装语言"下拉菜单，选择简体中文，左击"确定"按钮。

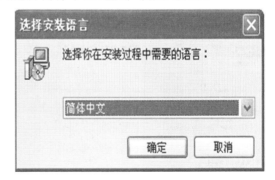

图 7-41　暴风影音界面　　　　　　　　　　图 7-42　安装语言选择

（2）如图 7-43 所示，在欢迎安装向导对话框中，左击"下一步"按钮。

（3）如图 7-44 所示，在许可证对话框中，选中"我同意"单选框，左击"下一步"按钮。

（4）如图 7-45 所示，设置软件安装路径，当然也可默认，左击"下一步"按钮。

（5）如图 7-46 所示，设置创建程序快捷方式的名称和位置，左击"下一步"按钮。

（6）如图 7-47 所示，设置额外选项，包括创建桌面快捷方式、创建快速启动栏快捷方式，用户根据需要进行选择，左击"下一步"按钮。

（7）如图 7-48 所示，准备安装对话框显示了用户的安装设置，左击"安装"按钮。

（8）如图 7-49 所示，软件正在安装，用户只需耐心等待，直到完成。

（9）如图 7-50 所示，软件安装完成并选择是否立即运行软件、浏览网站、浏览软件文档登录，用户根据需要选择，左击"完成"按钮。

图 7-43　安装向导

图 7-44　同意许可证

图 7-45　设置安装目录

图 7-46　快捷方式设置

图 7-47　额外选项设置

图 7-48　安装设置确认

图 7-49　软件安装过程　　　　　　　　图 7-50　软件安装完成

7.3　项目实训　安装常用软件

7.3.1　项目描述

公司新招聘多名新职员并配置了计算机,因每个人工作岗位的不同,现需要安装不同的常用工具软件和办公软件。

7.3.2　项目要求

(1) 安装常用工具软件,如 WinRAR、迅雷 7、暴风影音 5、腾讯 2013、浏览器软件等。

(2) 安装常用办公软件,如 Microsoft Office2010、Photoshop CS3、WPS Office2013、看图软件等。

7.3.3　项目提示

本项目实训涉及的常用软件有很多种,但作为一个现代计算机销售和维护人员必须熟练准确的根据客户的千差万别的要求安装不同的软件,必须做到举一反三,如有些软件在安装前首先需要安装其他软件,这需要认真阅读软件安装说明文档,在学习安装 WinRAR、迅雷 7、暴风影音 5、Microsoft Office2010、Photoshop CS 的基础上,真正熟练掌握各种不同软件的安装。

7.3.4　项目实施

本项目在计算机维护机房进行,项目时间为 60 分钟。项目实施采用 3 人一组的方式进行,每个组内的任务自主分配,加强学生知识和技能的职业能力培养,同时,通过团队合作加强学生的通用能力培养,从而提高学生的整体职业素养。

7.3.5 项目评价

表 7-1 项目实训评价表

	内容	评价		
	知识和技能目标	3	2	1
职业能力	了解常用的工具软件			
	了解常用的办公软件			
	熟练安装办公软件			
	熟练安装工具软件			
	熟练使用常用软件			
通用能力	语言表达能力			
	组织合作能力			
	解决问题能力			
	自主学习能力			
	创新思维能力			
综合评价				

项目8　计算机安全防护

计算机和网络是现在办公环境中必不可少的。但是,计算机病毒、木马、恶意程序、网络攻击等时刻威胁着计算机系统和企事业网络的安全,同时也严重威胁着企事业内部信息和数据的安全。通过本项目的学习,将掌握计算机杀毒软件、反木马软件、网络防火墙和 Windows 系统权限设置的使用方法,提高维护计算机系统和计算机网络安全的基本技能。

【知识目标】

（1）了解用户权限和类型。

（2）了解计算机病毒及其常用防护软件。

（3）了解数据恢复的相关知识。

【技能目标】

（1）熟练的设置 Windows 用户权限。

（2）熟练使用防火墙软件。

（3）熟练使用杀毒和反木马软件。

（4）熟练使用简单误删除数据恢复软件。

（5）熟练使用软件备份系统分区。

8.1　任务1　Windows 用户权限设置

8.1.1　任务描述

朋友史风雨公司里很多用户需要在服务器上上传下载文件,而不同部门或个人不希望文件被所有人看到。也就是说,就要求财务部的文件只能财务部职员看到,而销售部的文件只能销售部职员看到……这可真让朋友非常棘手,现向你求助解决问题。

8.1.2　任务分析

目前广泛使用的操作系统都具备强大的用户权限（权限指的是不同账户对文件、文件夹、注册表等的访问能力管理功能）设置,这体现在两方面:一是用户对计算机操作拥有特定权限;二是用户对特定磁盘、目录、文件拥有特定的权限,我们可以在计算机中为每个人添加账号并

分配固定的权限。本任务仅以 Windows XP 系统说明,操作系统要求是 Windows NT 核心
4.0 以上,磁盘分区 NTFS 格式。符合要求的 Windows 系统有(Windows NT4.0、Windows
2000、Windows XP、Windows 7、Windows 2003 Server、Windows 2008 Server 及后续 Windows 版本)。

8.1.3 知识必备

1. Windows 用户权限概述

用户权限分为两大类:登录权限和特权。登录权限控制谁被授权登录到一台计算机,以及它们如何登录。特权控制对系统资源的访问,包括对硬件的访问和对软件的访问。特权可以覆盖设置在计算机上一个特定对象上的权限。本文主要介绍特权权限类型。各类型用户、读者可参考 Windows 系统的帮助文档获取详细信息。

(1) Administrators:在系统内有最高权限,拥有赋予权限、添加系统组件、升级系统、配置系统参数、配置安全信息等权限。内置的系统管理员账户是 Administrators 组的成员。如果这台计算机加入到域中,域管理员自动加入到该组,并且有系统管理员的权限。

(2) Backup Operators:它是所有 Windows 都有的组,可以忽略文件系统权限进行备份和恢复,可以登录系统和关闭系统,可以备份加密文件。

(3) Cryptographic Operators:已授权此组的成员执行加密操作。

(4) Dirtributed COM Users:允许此组的成员在计算机上启动、激活和使用 DCOM 对象。

(5) Event Log Readers:此组的成员可以从本地计算机中读取事件日志。

(6) Guests:内置的 Guest 账户是该组的成员。

(7) IIS_IUSRS:这是 Internet 信息服务(IIS)使用的内置组。

(8) Network Configuration Operators:该组内的用户可在客户端执行一般的网络配置,如更改 IP,但不能添加/删除程序,也不能执行网络服务器的配置工作。

(9) Performance Log Users:该组的成员可以从本地计算机和远程客户端管理计数器、日志和警告,而不用成为 Administrators 组的成员。

(10) Performance Monitor Users:该组的成员可以从本地计算机和远程客户端监视性能计数器,而不用成为 Administrators 组或 Performance Log Users 组的成员。

(11) Power Users:存在于非域控制器上,可进行基本的系统管理,如共享本地文件夹、管理系统访问和打印机、管理本地普通用户;但是它不能修改 Administrators 组、Backup Operators 组,不能备份/恢复文件,不能修改注册表。

(12) Remote Desktop Users:该组的成员可以通过网络远程登录。

(13) Replicator:该组支持复制功能。它的唯一成员是域用户账户,用于登录域控制器的复制器服务,不能将实际用户账户添加到该组中。

(14) Users:是一般用户所在的组,新建的用户都会自动加入。该组对系统有基本的权力,如运行程序、使用网络,但不能关闭 Windows 系统。

2. NTFS 权限的类型

利用 NTFS 权限,可以控制用户账号和组对文件夹和文件的访问。NTFS 权限只适用于 NTFS 磁盘分区。

（1）NTFS 文件夹权限

通过授予文件夹权限，控制对文件夹和包含在这些文件夹中的文件和子文件夹的访问，可授予的"标准 NTFS 文件夹权限"见表 8-1。

表 8-1　标准 NTFS 文件夹权限

NTFS 文件夹权限	权限描述
完全控制	修改权限，成为拥有人，并执行所有其他 NTFS 文件夹权限的动作
修改	删除文件夹、执行"写入"权限和"读取和执行"权限的动作
读取和执行	遍历文件夹、执行"读取"权限和"列出文件夹目录"权限的动作
列出文件夹目录	查看文件夹中的文件和子文件夹的名称
读取	查看文件夹中的文件和子文件夹，查看文件夹属性、拥有人和权限
写入	在文件夹内创建文件和子文件夹，修改文件夹属性，查看文件夹的拥有人和权限
特殊权限	补充和细化标准 NTFS 文件夹权限管理

（2）NTFS 文件权限

通过授予文件权限，控制对文件的访问，可授予的"标准 NTFS 文件权限"见表 8-2。

表 8-2　标准 NTFS 文件权限

NTFS 文件权限	权限描述
完全控制	修改权限，成为拥有人，并执行所有其他 NTFS 文件权限的动作
修改	修改和删除文件、执行"写入"权限和"读取和执行"权限的动作
读取和执行	运行应用程序、执行"读取"权限的动作
读取	读文件，查看文件属性、拥有人和权限
写入	覆盖写入文件，修改文件属性，查看文件拥有人和权限
特殊权限	补充和细化标准 NTFS 文件权限管理

3. NTFS 权限的应用规则

如果将针对某个文件或者文件夹的权限授予了个别用户账号，同时又授予了某个组，而该用户是该组的一个成员，那么该用户就对同样的资源有了多个权限。关于 NTFS 如何组合多个权限，存在一些规则和优先权。

（1）权限累加

一个用户对某个资源的有效权限是授予这一用户账号的 NTFS 权限与授予该用户所属组的 NTFS 权限的组合。如果用户 happy 对"test 文件夹"有"读取"权限，net 组对"test 文件夹"有"写入"权限，用户 happy 属于 net 组成员，那么用户 test 对"test 文件夹"有"读取"和"写入"两种权限。

（2）文件权限优先于文件夹权限

NTFS 文件系统的文件权限优先于 NTFS 的文件夹权限。如果用户 happy 对"test 文件夹"有"修改"权限，那么即使他对于包含该文件的文件夹只有"读取"权限，他仍然能够修改该文件。

（3）权限的继承性

新建的文件或者文件夹会自动继承上一级目录或者驱动器的 NTFS 权限。对于普通用户而言,对从上一级继续下来的权限是不能直接修改的,只能在此基础上添加其他权限。但如果是系统管理员或者有足够权限的其他类型用户,可以修改继承的权限,或者让文件不再继承上一级目录或者驱动器的 NTFS 权限。

(4)拒绝权限优于其他权限

将"拒绝"权限授予用户账号或者组,可以拒绝用户账号或者组对特定文件或者文件夹的访问。如果用户 happy 对"test 文件夹"被授予拒绝"写入"权限,net 组对"test 文件夹"有"写入"权限,用户 happy 属于 net 组成员,那么用户 happy 对"test 文件夹"不具有"写入"权限。对于权限的累积规则来说,"拒绝"权限是一个例外。应该尽量避免使用"拒绝"权限,因为允许用户和组进行某种访问比明确拒绝他们进行某种访问更容易做到。应该巧妙地构造组和组织文件夹中的资源,使用各种各样的"允许"权限就足以满足需要,从而可避免使用"拒绝"权限。

8.1.4 任务实施

由于 Windows 权限设置方式基本相同,本任务仅以 Windows XP 举例说明权限设置方式。

(1)为使得不同用户具有不同的访问权限,要求磁盘分区必须为 NTFS 格式。如果安装系统时,磁盘分区不是该格式,可以使用 Windows 系统自带的分区无损转换 NTFS 命令行 convert 命令将磁盘分区转换为 NTFS 格式,具体运行方法:执行"开始"|"运行"|"cmd"按回车键确认,如图 8-1 所示,输入 convert/? 可以查看改名的参数,如果需要转换分区,本任务以转换 D 分区为例,如图 8-2 所示,输入 convert d:/FS:NTFS 命令并按回车键确认后,系统将该分区转换为 NTFS 格式。

图 8-1　convert 帮助

图 8-2　NTFS 转换

(2)取消使用简单文件共享,因该模式下,用户权限设置选项隐藏。具体方法:在"我的电脑"中,左击"工具"|"文件夹选项",如图 8-3 所示,在弹出的对话框中左击"查看"选项卡,去掉"使用简单文件共享(推荐)"复选框,如图 8-4 所示。这样可以对共享文件夹设置复杂访问权限。

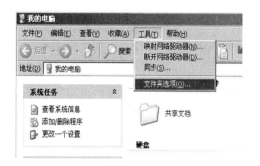

图 8-3　文件夹选项

图 8-4　去掉简单共享

（3）计算机账户管理，执行"控制面板"|"管理工具"|"计算机管理"|"本地用户和组"界面，请注意选择左侧的本地用户和组，如图 8-5 所示，本任务仅以添加和管理用户为例学习；如图 8-6 所示，在右侧空白处，右击执行"新用户"；如图 8-7 所示，在弹出的新用户对话框，设置用户名和密码等信息，新建用户完成后如图 8-8 所示；右击新建的用户"test"在右键菜单中执行"属性"对话框，选择"隶属于"选项卡如图 8-9 所示，可以设置用户所属的权限组。左击"添加"按钮，在弹出的如图 8-10 所示的对话框，左击"高级"按钮，而后左击"立即查找"按钮，找到对应的组即可添加，一个用户可以属于多个用户组。

图 8-5　计算机管理

图 8-6　新建用户

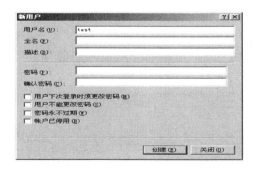

图 8-7　新用户对话框

图 8-8　新建用户完成

图 8-9　新用户对话框

图 8-10　新建用户完成

（4）设置文件或文件夹的访问权限,本任务以设置 test 用户可以读取和写入 test 目录,其他用户没有任何权限为例进行学习。在任何 NTFS 分区上新建名为 test 的文件夹,右击该文件夹,执行"属性",而后选择"安全"选项卡,如图 8-11 所示,可以看到当前计算机组或用户对其拥有的默认权限。

（5）要想单独设置用户账户的权限,左击"高级"按钮,如图 8-12 所示,打开高级安全设置对话框,取消从父项继承复选框。

（6）如图 8-13 所示,在弹出的警告对话框中左击"是"按钮,之后就没有任何用户可以访问 test 目录了。我们还需要添加特定用户对其具有权限。

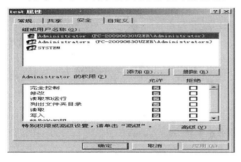

图 8-11　安全属性

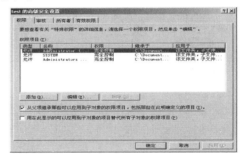

图 8-12　高级安全设置

（7）如图 8-11 所示,左击"添加"按钮,在弹出的如图 8-12 所示对话框,左击"添加"按钮,而后如图 8-14 所示,左击"立即查找"按钮,如图 8-15 所示,选择 test 用户并左击"确定",如图 8-16 所示,test 用户默认具有读取和写入、列出文件夹目录、运行权限。

图 8-13　警告对话框

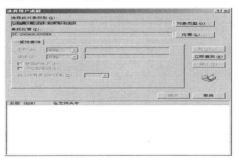

图 8-14　立即查找对话框

（8）如图 8-17 所示如果以其他身份访问 test 文件夹，将弹出错误提示框，系统拒绝访问，而 test 用户可以访问该文件夹，如图 8-18 所示。

图 8-15　选择 test 用户

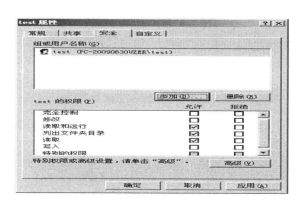

图 8-16　test 用户权限

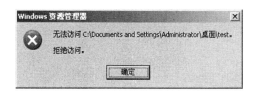

图 8-17　选择 test 用户

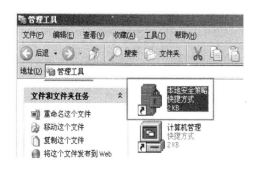

图 8-18　test 用户权限

8.1.5　任务拓展

Windows XP 安全策略设置如下所示。

（1）左击执行"开始"|"设置"|"控制面板"|"管理工具"|"本地安全策略"，如图 8-19 所示，或者执行"开始"|"运行"输入 gpedit. msc 打开组策略，如图 8-20 所示，设置计算机的安全策略等。

（2）账户策略可以设置密码策略和账户锁定策略，每个策略又包含很多具体的设置和详细说明，用户只需要仔细阅读每一个策略的解释文件就可以获知该策略的作用和设置方法。如图 8-21 所示，"本地策略"|"用户权利指派"可以设置操作计算机的用户和组，如图 8-22 所示"关闭系统"属性可以设置有权限关闭计算机系统的用户组和用户，可以根据需要添加或删除相应的用户或用户组，如果对此选项不理解，可以通过"解释此设置"选项卡获得详细的设置方法指导和解释。

图 8-19　本地安全策略

图 8-20　组策略

图 8-21　用户权利指派

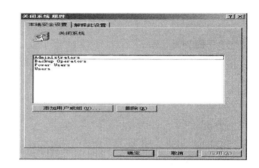

图 8-22　关闭系统属性

8.2　任务 2　防火墙软件的使用

8.2.1　任务描述

张飞宇是爱博公司计算机网络管理员,近期由于病毒、木马、网络攻击事件频频发生,好多个人计算机都遭受攻击,经常出现蓝屏死机情形;最关键的是公司的多台服务器也受到了网络攻击,如果服务器当机,公司的好多业务就没法正常进行了。张强为此很担心,并希望获取你的帮助。

8.2.2　任务分析

由于已经确知是网络攻击引起的故障,这就需要将服务器和个人计算机都做好网络防护,首要工作是安装并配置好网络防火墙。由于网络防火墙设置需要扎实的 TCP/IP 协议的知识,对一般管理员来讲还是比较困难的,建议大家还是要学习一下 TCP/IP 协议,特别先要弄清楚 TCP、UDP、端口号的概念和作用。

8.2.3　知识必备

软件防火墙是一个位于计算机和它所连接的网络之间的软件。该计算机流入流出的所有网络通信均要经过此防火墙软件。防火墙软件对流经它的网络通信进行扫描,这样能够过滤掉一些攻击,以避免其在目标计算机上被执行。防火墙除了可以关闭不使用的端口外,它还能禁止特定端口的流出通信,封锁恶意软件向外发送数据。最后,它可以禁止来自特殊地址的访问,从而拒绝掉来自不明入侵者的所有通信。防火墙有不同类型。硬件防火墙本身是集成软件的特定计算机,拥有更好的性能和稳定性,一般为整个网络提供服务。软件防火墙指一款网络安全应用软件,该软件安装在计算机上,只能为本地计算机提供网络控制管理功能。

8.2.4　任务实施

除了 Windows 本身所集成的 ICF(互联网连接防火墙,Internet Connection Firewall)外,常见杀毒软件公司都开发网络防火墙软件。国内软件有瑞星、江民、金山、费尔、天网等。国外软件测试排名靠前的有 ZoneAlarm Pro、Outpost Firewall Pro、Norton Personal Firewallbbs、Comodo Firewall Pro、PC Tools Firewall。出于容易使用和软件价格考虑,本任务仅就 Windows XP 集成的 ICF 和 Comodo Firewall Pro 的使用进行学习,大家可以举一反三根据个人需要使用不同的防护墙软件。

1. ICF 的使用

(1) ICF 作为 Windows XP 系统的一个组件,默认已经安装,可以在控制面板里找到Windows 防火墙的启动菜单,如图 8-23 所示。

(2) 双击该图标可打开 Windows 防火墙默认界面,如图 8-24 所示。可以在这里选择开启/关闭防火墙。启用防火墙下的例外是指允许某些计算机程序访问网络。

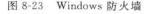

图 8-23　Windows 防火墙

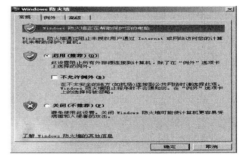

图 8-24　Windows 防火墙界面

(3) 如图 8-25 所示为例外选项卡,这里可以选择允许计算机内安装的那些软件访问网络。在这里可以添加程序和本机程序开启的端口。如果有不明程序出现,将其前面对号去掉就可以禁止其访问外网。

(4) 左击"添加程序"按钮可以打开添加程序界面,如图 8-26 所示,左击"浏览"按钮,选择更多允许访问网络的程序,该软件就可以访问网络。

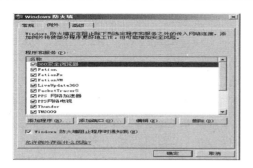

图 8-25　例外选项卡　　　　　　　　图 8-26　添加程序界面

（5）如图 8-27 所示为高级选项卡，在这里的网络连接设置中可以对每个网卡单独设置开启服务；选择网卡后，左击"设置"按钮，如图 8-28 所示，可以设置服务和 ICMP；左击安全日志记录部分的"设置"按钮，如图 8-29 所示，可以设置日志；左击 ICMP 部分的"设置"按钮，如图 8-30 所示，可以设置 ICMP 协议相关信息。

（6）如图 8-28 所示，高级设置界面服务选项中，是设置本计算机为其他 Internet 提供的服务，关键是设置本计算机的某些固定端口 TCP 或 UDP 端口，Windows 已经内置了部分常见的服务；左击"添加"按钮，如图 8-31 所示，可以自定义本地计算机开放的 TCP 或 UDP 端口，从而提供某种网络服务。如本任务中定义了名称为"我的服务"，IP 地址为 10.0.2.56，协议为 TCP，内外端口号都是 1016。这样，当其他计算机通过 TCP 协议访问本机的 1016 端口时，防火墙不会把数据包丢弃。

图 8-27　高级选项卡　　　　　　　　图 8-28　高级设置

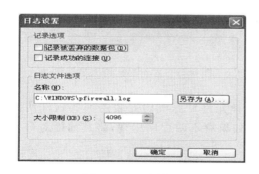
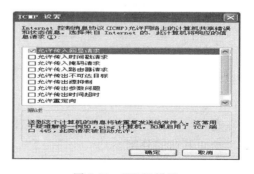

图 8-29　日志设置　　　　　　　　图 8-30　ICMP 设置

（7）如图 8-32 所示，ICMP 协议设置界面。可以禁止响应某些 ICMP 消息查询。左击每个选项后,下方都有关于该项目的详细解释。

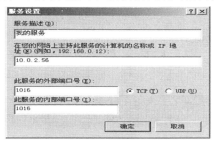

图 8-31　服务设置

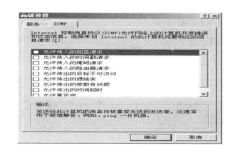

图 8-32　ICMP 设置

2. COMODO Internet Security 的使用

COMODO Internet Security(COMODO 因特网安全)是最著名的网络防火墙之一,包括 COMODO Firewall 和其他功能。作为免费软件,却具备商业防火墙的功能和性能,是个人和小型企业用户最佳选择。

(1)下载 COMODO Internet Security 到本地计算机后,双击运行安装程序,其安装界面如图 8-33 所示,先选择软件语言,而后执行安装。

(2)如图 8-34 所示,软件授权协议界面,左击"我接受"按钮继续安装。出现免费注册界面,可以提交电子邮件地址,COMODO 会发送新闻和软件更新信息给这个邮件地址,而后左击"我接受"按钮继续安装。

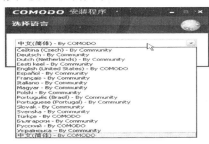

图 8-33　安装语言

图 8-34　用户许可协议

(3)如图 8-35 所示,选择要安装的产品。COMODO Firewall 提供防火墙的功能,CO-MODO GeekBuddy 则提供计算机远程协助功能,没有需求可以不安装,左击"我接受"按钮继续安装。

(4)如图 8-36 所示,指定 COMODO 软件的安装目录,左击"更改"按钮可以更改目录,也可使用默认安装路径,而后左击"下一步"按钮继续安装。

图 8-35　安装选项

图 8-36　安装路径

（5）如图 8-37 所示，选择防火墙的安全级别。默认是防火墙与优化主动防御，兼顾了安全与性能的需求，而后左击"下一步"按钮继续安装。

（6）如图 8-38 所示，COMODO SecureDNS 配置向导界面，选择使用 COMODO 提供的 DNS 服务器可以避免遭受 DNS 欺骗，当然也可不使用，而后左击"下一步"按钮继续安装，安装完成后程序要求重启操作系统。

图 8-37　安全级别选择

图 8-38　安全 DNS 配置

（7）如图 8-39 所示，COMODO Firewall 首次运行会弹出私有网络配置界面。如果确认内外没有安全问题的话，可以选择"我愿意在此网络中的其他计算机完全访问我"多选框，而后左击"下一步"按钮。

（8）如图 8-40 所示，运行 COMOCO Firewall 软件默认打开的是概况界面。可以看到防火墙和 Defense＋的概况。其中防火墙是基于传输层的包过滤防火墙，而 Defense＋则对应用程序行为进行过滤。

图 8-39　网络配置界面

图 8-40　防火墙概况界面

（9）左击"安全模式"打开防火墙行为设置界面，如图 8-41 所示，包括一般设置、警告设置和高级设置选项卡。默认打开一般设置选项卡。这里可以定义防火墙的安全级别，默认是安全模式，此模式下如有未知程序连接网络，将弹出警告窗口，用户可根据需要设置。

（10）如图 8-42 所示，警告设置界面中可以对防火墙的警告阈值进行配置。此功能可以用于为什么样的数据流发出警告。选中"这台计算机作为 Internet 连接网关"多选框，可以用这台计算机为局域网提供 NAT 或者代理服务。

图 8-41   防火墙行为设置

图 8-42   警告设置

（11）如图 8-43 所示,在高级设置界面中主要配置基于 TCP/IP 协议的细节。如果用户不熟悉,建议保持默认。

（12）如图 8-44 所示为 Defense＋的一般设置界面。Defense＋对计算机磁盘上的应用程序进行过滤,其内置了默认的规则方便用户选择。

图 8-43   高级设置

图 8-44   一般设置

（13）如图 8-45 所示为可执行控制界面。这里主要设置是否对可执行文件加载到内存前拦截。拦截后 Defense＋可以对该程序进行的操作进行监控。

（14）如图 8-46 所示为 Sandbox 界面。启用该功能后,所有处于 Sandbox 中运行的程序进行规定的安全限制。对于用户不明确的应用程序来说将其加入 Sandbox 是很好的选择。

图 8-45   可执行控制设置

图 8-46   Sandbox 界面

（15）如图 8-47 所示为监视设置界面。主要用于对程序的行为、程序对系统的修改和程序对内存访问的行为监视控制。

（16）如图 8-48 所示为防火墙界面。在这里进行防火墙相关配置。本任务仅讲解最重要的功能——网络安全规则,用户可根据提示自主学习其他设置。

图 8-47　监视设置界面

图 8-48　防护墙界面

(17) 如图 8-49 所示为网络安全规则选项,默认打开的应用程序规则界面。左击"添加"按钮,在弹出的界面,可以添加一条过滤控制规则。

(18) 如图 8-50 所示为过滤控制规则界面。每条规则可以从以下几方面控制。①行为:允许或禁止数据包通过。②协议:数据包所使用的协议。③方向:由本机发出或进入本机。④源地址。⑤目的地址。⑥源端口。⑦目的端口号。每个数据包将顺序经过每条规则的对比,如果符合本规则的②~⑦项,则按照①项的操作处理,如果不符合则对比下一条规则,所有的规则都不符合,该数据包将被丢弃。其他配置类似,不再赘述。

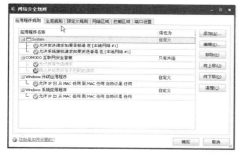

图 8-49　应用程序规则界面

图 8-50　过滤控制规则界面

(19) 如图 8-51 所示为 Defense＋界面。在这里配置 Defense＋相关配置,针对应用程序对计算机的修改监控。其中计算机安全规则是最重要的一部分。

(20) 如图 8-52 所示为计算机安全规则界面。其功能已经不在普通包过滤防火墙通用功能内,此处不再赘述,用户可以自行配置。

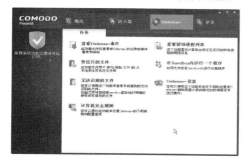

图 8-51　Defense＋界面

图 8-52　计算机安全规则

8.2.5 任务拓展

（1）天网防火墙完全使用默认安装，重新启动计算机后，防火墙主界面如图 8-53 所示，在该图红框指示的"自定义"选项中可以进行多种设置，操作简单方便。

（2）如图 8-54 所示为应用程序访问管理界面，可以进行应用程序的网络访问权限管理。请注意红框所示位置，左击小红框中的图标可以打开添加程序界面。

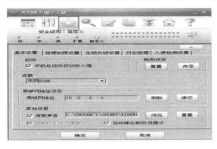

图 8-53　天网防火墙界面

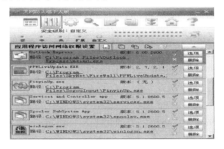

图 8-54　网络访问权限设置

（3）如图 8-55 所示为增加应用程序规则界面。左击"浏览"按钮添加应用程序，然后根据实际需求选择该程序所需的 TCP 或 UDP 服务、可访问的端口。

（4）如图 8-56 所示为自定义 IP 规则界面。这是防火墙的最主要的功能，可以对进出计算机的网络层和传输层数据包进行检查和管理。

图 8-55　添加应用程序规则

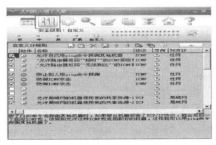

图 8-56　扫描目标选择界面

（5）如图 8-57 所示为增加 IP 规则界面。如本任务中添加名称为"FTP"的服务，数据包方向为"接收或发送"，对方 IP 地址不限，协议为 TCP 协议，本地端口号 21，对方端口号不限，满足条件时"通行"。这样可以开放本地计算机的 FTP 服务，最后不要忘记保存规则。

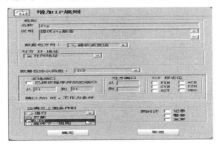

图 8-57　增加 IP 规则界面

8.3 任务3 杀毒与反木马软件的使用

8.3.1 任务描述

朋友王芝香是公司的秘书,需要经常和其他人员通过优盘、移动硬盘等工具共享文件,由于经常感染计算机病毒,所以也常常需要重新安装操作系统。因此耽误了大量时间造成了部分工作不能正常进行。现在她向你寻求帮忙,看看有没有好的方法帮她做好计算机的安全防护。

8.3.2 任务分析

由于是经常感染计算机病毒,最好的方法就是安装一款合适的杀毒软件和反木马软件,并对其进行合理配置。维护好杀毒软件和反木马软件,就可以大大降低计算机感染病毒、木马的风险。

8.3.3 知识必备

1. 计算机病毒概述

计算机病毒(Computer Virus)在《中华人民共和国计算机信息系统安全保护条例》中被明确定义,病毒指"编制或者在计算机程序中插入的破坏计算机功能或者破坏数据,影响计算机使用并且能够自我复制的一组计算机指令或者程序代码"。而在一般教科书及通用资料中被定义为:利用计算机软件与硬件的缺陷,破坏计算机数据并影响计算机正常工作的一组指令集或程序代码。病毒根据传播、感染、编程等方式不同被分为很多类,而针对微软公司 Windows 操作系统编写的病毒最多。

计算机木马和病毒不同,木马往往用作控制软件使用,计算机中木马后会被恶意攻击者控制,可能造成比病毒更严重的危害。计算机木马一般由服务端和控制端两部分组成,也就是常用的 C/S(CONTROL/SERVE)模式。服务端(S 端):在远程计算机上运行。一旦执行成功就可以被控制或者造成其他的破坏,这就要看种木马的人怎么想和木马本身的功能,这些控制功能,主要采用调用 Windows 的 API 实现,在早期的 DOS 操作系统,则依靠 DOS 终端和系统功能调用来实现(INT 21H),服务端设置哪些控制,视编程者的需要,各不相同。控制端(C端)也叫客户端,客户端程序主要是配套服务端程序的功能,通过网络向服务端发布控制指令,控制端运行在本地计算机。

当前病毒与木马功能逐渐融合,从传播感染方式到对计算机的控制破坏都有很多相似之处。

2. 常用杀毒和木马防护软件

国内杀毒和木马防护软件主要有 360 杀毒和 360 安全卫士、金山杀毒和金山网镖、瑞星杀毒和瑞星防护墙、江民杀毒软件和江民防护墙等,并且针对个人版的软件基本都采用免费试用和升级模式。

国外的杀毒软件主要有赛门铁壳、卡巴斯基等。

杀毒软件从早期的仅仅基于病毒库到使用病毒库、行为模式侦测、人工智能查杀、云查杀等综合利用方向发展。

8.3.4　任务实施

1. 360 杀毒软件的使用

(1) 在网上下载 360 杀毒软件到本地计算机,双击运行安装程序后如图 8-58 所示,左击"自定义安装"如图 8-59 所示,左击"更改目录"可以设置软件的安装目录,而后左击"立即安装"执行软件安装。

图 8-58　360 杀毒安装界面

图 8-59　自定义安装界面

(2) 如图 8-60 所示,360 杀毒软件正在安装;软件安装完成后如图 8-61 所示,在杀毒软件的初始化界面可以通过一系列的菜单,实现软件的升级、防护设置、拓展工具使用、软件日志设置、软件管理设置、计算机杀毒扫描等。

图 8-60　360 杀毒安装过程

图 8-61　360 杀毒界面

(3) 在 360 杀毒软件主界面,左击"快速扫描"如图 8-62 所示,这时 360 杀毒只扫描系统的关键位置,当然用户可以使用"全盘扫描"、"自定义扫描"实现整个硬盘或者特定位置的扫描杀毒。如图 8-63 所示,杀毒软件右下角显示的是 360 杀毒软件的附加工具、实现特定类型病毒专杀、计算机安全优化和防护。

图 8-62　快速扫描

图 8-63　附加工具

（4）在 360 杀毒软件主界面，左击 菜单，如图 8-64 所示，可以设置实时防护、主动防御、病毒免疫，打开相关的文件防护、木马防护、U 盘防护、特定病毒免疫等，从而提高计算机安全性；也可锁定主页，防止恶意网站影响非法修改主页，影响用户正常访问网页，如图 8-65 所示，可以设置为 360 的网站、空白页、用户自定义网页等。

图 8-64　系统防护设置

图 8-65　锁定主页

（5）在 360 杀毒软件主界面，左击"设置"菜单，如图 8-66 所示，可以对 360 杀毒软件进行相关设置，如常规设置、升级设置、多引擎设置、病毒扫描设置、实时防护设置、文件白名单、免打扰设置、异常提醒、系统白名单等；左击"设置"菜单，如图 8-67 所示，可以查看日志，包括病毒扫描、实时防护、病毒免疫、产品升级、文件上传、系统性能等，以便于详细掌握计算机的安全事件。

图 8-66　软件设置界面

图 8-67　防护日志

2. 360 安全卫士反木马软件的安装和设置

由于木马软件与病毒的编程功能不同，很多杀毒软件不能很好地清除木马程序。常见的杀木马软件有木马清道夫、木马专杀、木马克星、木马清除大师等，其中 360 安全卫士是其中比较好的一款免费软件。它不但能杀木马，还具备清除 IE 恶意插件、修补系统漏洞、修复 IE 浏览器、清除系统垃圾、软件管理等强大功能。

（1）在网上下载 360 安全卫士软件到本地计算机，双击运行安装程序后如图 8-68 所示，左击"更多选项"如图 8-69 所示，左击"更改"可以设置软件的安装目录，也可对多个软件安装选项进行设置，而后左击"立即安装"执行软件安装。

图 8-68　360 卫士安装界面

图 8-69　更多选项

（2）如图 8-70 所示，360 安全卫士软件正在安装；软件安装完成后如图 8-71 所示，在 360 安全卫士软件的初始化界面，默认为电脑体检选项，可以通过一系列的菜单，实现软件的升级、木马防护设置、系统垃圾文件清理、计算机漏洞修复、计算机性能优化、软件安装卸载、软件日志设置、软件管理设置、计算机木马扫描等功能。

图 8-70　360 卫士安装过程

图 8-71　360 安全卫士界面

（3）如图 8-72 所示为 360 木马查杀界面，提供了快速扫描、全盘扫描、自定义扫描选择，用户可根据需要进行。首次安装后，建议进行一次全盘扫描，以便于清理计算机内的可能木马文件。如图 8-73 所示，软件正在执行快速扫描。

图 8-72　360 木马查杀

图 8-73　快速扫描

（4）360 安全卫士默认主界面左击 菜单，如图 8-74 所示，木马防护墙提供了入口防御、隔离防御、系统防御选项，用户打开每个选项后可以进行开启和关闭操作。如图 8-75 所示，入口防御程序在网页安全、聊天安全、下载安全、U 盘安全、黑客入侵局域网等方面开启了防护。

图 8-74　360 木马防护墙　　　　　　　　　图 8-75　入口防御设置

（5）左击 360 安全主菜单"系统修复"，如图 8-76 所示，可以进行常规修复和漏洞修复，左击"系统修复"菜单，如图 8-77 所示，程序将扫描计算机系统漏洞，并以高危漏洞、可选择的高危漏洞等进行分类，方便用户选择修复补丁。

图 8-76　系统修复　　　　　　　　　　　图 8-77　漏洞修复

（6）左击 360 安全主菜单"电脑清理"，如图 8-78 所示，软件按电脑中的 Cookie、电脑中的垃圾、使用电脑和上网产生的痕迹、注册表中的多余项目、电脑中不必要的插件等进行分类，以便于用户清理各自的垃圾文件、插件、痕迹、个人隐私文件等。

（7）左击 360 安全主菜单"优化加速"，如图 8-79 所示，可以实现对开机速度、系统运行速度、上网流畅程度的优化，减少不必要程序占用系统资源，提高计算机运行效率和稳定性。

图 8-78　电脑清理　　　　　　　　　　　图 8-79　优化加速

（8）左击 360 安全主菜单"电脑专家"，如图 8-80 所示，可以针对上网异常、游戏环境、电脑卡慢、视频声音、软件问题、其他问题等通过智能机器人和真人专家寻求帮助和解决方案。

（9）左击 360 安全主菜单"软件管理"，如图 8-81 所示，可以实现软件下载、软件升级、软件卸载服务，方便地寻找常见软件，方便卸载或升级本地计算机软件。

图 8-80　电脑专家

图 8-81　软件管理

（10）360 安全卫士默认主界面左击功能大全区域的"更多菜单"，如图 8-82 所示，它包括了使用宽带测速器测试网络实际性能（如图 8-83 所示）；使用鲁大师检测计算机硬件环境；使用强力卸载软件卸载难以删除的软件等工具软件实现用户的特定使用目的。

图 8-82　功能大全

图 8-83　网速测试

（11）360 安全卫士主界面右上角左击▼，选择"设置"菜单，如图 8-84 所示，可以对 360 安全卫士进行基本设置、弹窗设置、电脑体检、开机小助手、木马防护墙、360 网盾、360 保镖、漏洞修复等。

（12）360 安全卫士默认主界面左击"360 保镖"菜单，如图 8-85 所示，默认显示保镖状态。网购保镖如图 8-86 所示，启用后可以实现网购赔付功能；搜索保镖如图 8-87 所示，可以对特定网页实现跟踪和标注；下载保镖如图 8-88 所示，可以对特定网址、连接、文件标注安全风险警示；看片保镖如图 8-89 所示，可以对视频网站和播放器进行隔离；U 盘保镖如图 8-90 所示，可以对 U 盘进行检测、鉴定 U 盘等；邮件保镖如图 8-91 所示，可以对邮件挂马等行为进行防控。

图 8-84　软件设置

图 8-85　360 保镖

图 8-86　网购保镖

图 8-87　搜索保镖

图 8-88　下载保镖

图 8-89　看片保镖

图 8-90　U 盘保镖

图 8-91　邮件保镖

8.3.5　任务拓展

1. 瑞星杀毒软件的使用和设置

（1）从网上下载瑞星杀毒软件，而后运行安装程序，如图 8-92 所示，选择安装语言选项，而后左击"确定"按钮，继续安装过程；如图 8-93 所示，在瑞星安装欢迎界面，单击"下一步"按钮继续安装。

图 8-92　安装语言选择

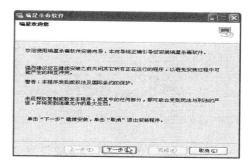

图 8-93　安装向导界面

（2）如图 8-94 所示，阅读"最终用户许可协议"，而后选中"我接受"单选项，左击"下一步"按钮继续安装；如图 8-95 所示，在定制安装界面，选择安装选项左击"下一步"按钮继续。

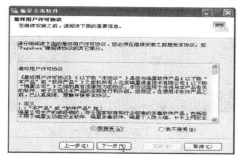

图 8-94　用户许可协议

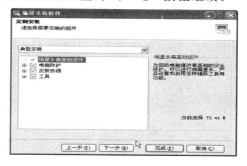

图 8-95　定制安装

（3）如图 8-96 所示，左击"浏览"按钮可以选择安装的目标文件夹，以及是否添加瑞星图标到桌面或快速启动栏，而后左击"下一步"按钮继续；如图 8-97 所示，安装信息界面显示详细的软件安装设置信息，而后左击"下一步"按钮继续。

图 8-96　安装目录

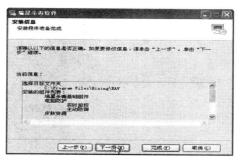

图 8-97　安装信息

（4）如图 8-98 所示为瑞星启动设置向导，加入瑞星"云安全"计划，可以更好地保证计算机的安全。如果需要，请选择加入瑞星云安全计划，并填写您的邮箱地址，而后左击"下一步"按钮继续；如图 8-99 所示，设置应用程序防护，以保护常见的应用程序，比如 IE、Office 等，而后左击"下一步"按钮继续。

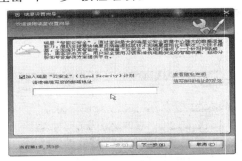

图 8-98　云安全计划

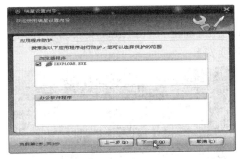

图 8-99　应用程序防护

（5）如图 8-100 所示，进行常规设置，并设置软件工作模式，而后左击"完成"按钮执行安装。新版瑞星完成安装后无须重启操作系统，双击桌面瑞星图标，默认打开瑞星杀毒软件的杀毒界面，如图 8-101 所示，注意界面右上方设置、可疑文件上报和软件升级命令链接。

图 8-100　工作模式

图 8-101　瑞星杀毒初始界面

（6）瑞星杀毒软件有三种查杀方式，分别是快速查杀、全盘查杀和自定义查杀。其中快速查杀仅仅对磁盘特定目录文件查杀，速度快但查杀不完全。全盘查杀将查杀硬盘所有文件，速度慢但查杀最彻底。两者查杀时界面相同如图 8-102 所示，用户随时可以暂停或停止杀毒进程；自定义查杀可以由用户选择要查杀的目录和文件，自由度最高，如图 8-103 所示，可以选择查杀目标界面。

图 8-102　快速查杀

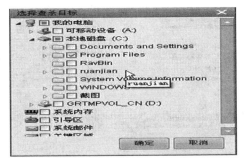

图 8-103　自定义查杀

（7）电脑防护界面可以检查并配置瑞星杀毒软件各种防护功能，如图 8-104 所示，各种防护功能均已开启。若单击设置按钮，其功能与右上角设置链接相同，瑞星杀毒软件设置如图 8-105 所示，可以在左侧选择需要查毒的项目，可以选择杀毒引擎的级别（级别高将消耗更多计算机资源）并可对不同电脑防护功能进行配置。

图 8-104　电脑防护

图 8-105　杀毒软件设置

（8）如图 8-106 所示，瑞星工具界面内提供了各种实用工具软件，可以根据需要安装或使用；在杀毒界面中，左击查看日志链接，将打开查看日志界面，如图 8-107 所示，在这里可以了解瑞星的查杀记录。

图 8-106　瑞星工具

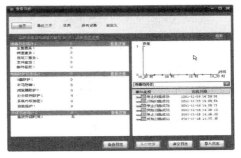

图 8-107　查看日志

（9）在杀毒界面中，单击查看病毒隔离区，打开病毒隔离区界面，如图 8-108 所示。可以对已经隔离的染毒文件进行处理，例如恢复或者删除。单击设置空间按钮，如图 8-109 所示，对病毒隔离区进行配置，可以配置隔离区大小和隔离区目录。

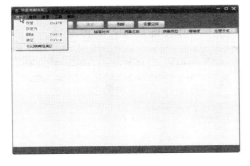

图 8-108　病毒隔离区

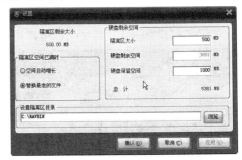

图 8-109　查看日志

（10）杀毒软件不能查杀没有被病毒库收录的病毒。准时升级病毒库是保证计算机安全的必要条件。

可以在网络设置界面中配置计算机连接网络的方式，如图 8-110 所示。

2. 诺顿因特网安全软件 2012 的使用和设置

（1）诺顿因特网安全软件 2012 不仅仅是杀毒软件，它还具备更多的网络防护功能。下载到本地计算机后，双击安装程序执行安装，如图 8-111 所示，左击"自定义安装"进入安装目录选择界面，如图 8-112 所示，左击"浏览"设置安装目录，而后左击"确定"返回安装界面；接着，左击"同意并安装"，软件开始安装过程直到完成。诺顿因特网安全软件默认界面如图 8-113 所示，与国产杀毒软件明显不同。其默认界面除了具备立即扫描、LiveUpdate（用于升级病毒库）和高级三个按钮外，在右上角的设置和性能命令中能配置更多相关网络安全的内容。

图 8-110　病毒隔离区

图 8-111　诺顿安装界面

图 8-112　设置安装目录

图 8-113　诺顿软件默认界面

（2）左击"立即扫描"，打开电脑扫描界面，如图 8-114 所示，包含快速扫描、全面系统扫描、自定义扫描，其中快速扫描和全面系统扫描类似于瑞星杀毒软件相对应的功能，此处不再赘述；自定义扫描如图 8-115 所示，用户可以选择要扫描的磁盘、目录或者某些文件。

图 8-114　电脑扫描

图 8-115　自定义扫描

（3）左击右侧编辑扫描栏目下的笔形图标，可以打开扫描日程表界面并配置与其相关的计划任务如图 8-116 所示。针对笔记本式计算机，可以选中仅在使用交流电源时以降低电池消耗，如图 8-117 所示。

图 8-116　扫描日程表

图 8-117　扫描选项

（4）选择主界面上的设置命令，打开设置界面，如图 8-118 所示，可以针对电脑、网络、网页、常规不同方面的安全防护属性进行配置，图中显示的是电脑扫描的相关属性，其他不再赘述。性能界面如图 8-119 所示，可以对计算机的 CPU、内存的使用率进行监测，也可以查看历史上的扫描操作。

图 8-118　设置界面

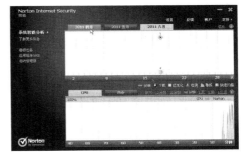

图 8-119　性能界面

（5）左击性能界面左侧的"诺顿任务"命令，可以对诺顿因特网安全软件的计划任务进行配置，如图 8-120 所示。左击性能界面左侧的"应用程序分级"命令，可以查看当前计算机中正运行的程序，如果计算机联入互联网，会即时识别该程序的可靠性，如图 8-121 所示。

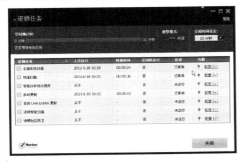

图 8-120　任务界面

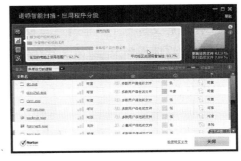

图 8-121　应用程序分级界面

8.4　任务4　误删除数据恢复

8.4.1　任务描述

电话在床边急促地响了起来,这是本星期第三次在早六点把人吵醒了……肯定又是公司里有了什么问题。果然,副总上午要去省总部汇报上半年工作情况,但是他昨晚学了一个快捷键 Shift+Del 快速删除文件,不小心把要汇报的文件夹给删除了,在回收站里也找不到,所以才急着找你这个公司计算机"高手"。没办法,早上不用吃饭了,赶紧给副总干活去吧,好在明天是周末还可以好好补一觉。

8.4.2　任务分析

Shift+Del 快捷键是直接删除,所以回收站里不会有被删文件。这种情况,如果没有在磁盘相同位置写入新文件,还是有很大机会恢复的。误删除恢复软件数量庞大,不但能恢复被删除的文件,也可以恢复被格式化的分区。最著名的国外软件有 FinalData、EasyRecovery、DataExplore、Recover My Files 等,国产软件有超级硬盘数据恢复、易我数据恢复向导。其中 FinalData 以速度快著称也能单独恢复 Office 文档;EasyRecovery 则能修复 Word、ZIP 等文件格式;国产软件对中文名称文件支持较好。如果使用一款软件达不到最好效果的话,可以换几款软件再试。本文仅讲解 FinalData 和易我数据恢复向导。

8.4.3　知识必备

文件在磁盘上的存储就像是一个链表,表头是文件的起始地址,整个文件并不一定是连续的,而是一个节点一个节点的连接起来的。要访问某个文件时,只要找到表头就行了。删除文件时,其实只是把表头删除了,后面的数据并没有删除,直到下一次进行写磁盘操作需要占用节点所在位置时,才会把相应的数据覆盖掉。数据恢复软件正是利用了这一点。所以,就算你误删了文件之后又进行了其他写磁盘操作,只要没有覆盖掉那些数据,都是可以恢复的。

文件之所以能被恢复,须从文件在硬盘上的数据结构和文件的储存原理谈起。新买回的硬盘需分区、格式化后才能安装系统使用。一般要将硬盘分成主引导扇区、操作系统引导扇区、文件分配表(FAT)、目录区(DIR)和数据区(Data)五部分。

在文件删除与恢复中,起重要作用的是"文件分配表"的"目录区",为安全起见,系统通常会存放两份相同的 FAT;而目录区中的信息则定位了文件数据在磁盘中的具体保存位置——它记录了文件的起始单元(这是最重要的)、文件属性、文件大小等。在定位文件时,操作系统会根据目录区中记录的起始单元,并结合文件分配表区知晓文件在磁盘中的具体位置和大小。实际上,硬盘文件的数据区尽管占了绝大部分空间,但如果没有前面各部分,它实际上没有任何意义。

人们平常所做的删除,只是让系统修改了文件分配表中的前两个代码(相当于作了"已删除"标记),同时将文件所占簇号在文件分配表中的记录清零,以释放该文件所占空间。因此,文件被删除后硬盘剩余空间就增加了;而文件的真实内容仍保存在数据区,它须等写入新数据时才被新内容覆盖,在覆盖之前原数据是不会消失的。恢复工具就是利用这个特性来实现对已删除文件的恢复。

对硬盘分区和格式化,其原理和文件删除是类似的,前者只改变了分区表信息,后者只修改了文件分配表,都没有将数据从数据区真正删除,所以才会有形形色色的硬盘数据恢复工具。

那么,如何让被删除的文件无法恢复呢?很多朋友说,将文件删除后重新写入新数据,反复多次后原始文件就可能找不回啦。但操作起来比较麻烦,而且不够保险。因此,最好能借助一些专业的删除工具来处理,例如 O&OSafeErase 等,可以自动重写数据 N 次,让原始数据面貌全非。

8.4.4 任务实施

1. FinalData 的使用

(1) FinalData 的安装过程比较简洁,本文不详细讲解,但一定注意不要将软件安装到要恢复的分区中,否则可能造成数据永久丢失。FinalData 主界面如图 8-122 所示;选择磁盘分区界面,如图 8-123 所示,也可以通过物理驱动器(即磁盘)选项卡先选择物理驱动器之后再选择逻辑驱动器(即分区)。

图 8-122 FinalData 界面

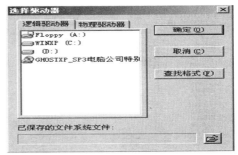

图 8-123 分区选择界面

(2) 如图 8-124 所示,选择要恢复的磁盘分区的范围,软件将在这个范围中搜索文件。如果不确定被删除文件位置,请搜索整个分区,左击"确定"按钮后,软件执行文件搜索,如图 8-125 所示,这个过程将根据磁盘分区容量不同消耗较长时间,请耐心等待。

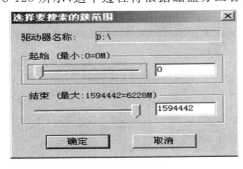

图 8-124 搜索范围选择界面

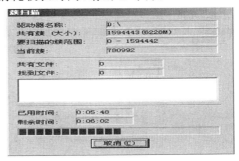

图 8-125 簇扫描界面

（3）如图 8-126 所示，软件完成扫描后显示搜索到的文件。请注意左侧树形列表，其中已删除目录或已删除文件中将列出找回的目录或文件。选中要复原的目录或文件，执行"文件"|"保存"菜单，打开保存文件界面，如图 8-127 所示。此时选择将已删除的文件恢复到某一目录，请注意不要与被恢复的磁盘分区相同。

图 8-126　"扫描结果"界面

图 8-127　"保存文件"界面

（4）FinalData 的 Office 文件恢复功能界面，如图 8-128 所示。先选择已删除的 Office 文件，而后执行"Office 文件恢复"|"Microsoft Excel"（本任务恢复的为 Excel 文件，也可恢复 Word 和 PowerPoint 文件）菜单根据用户选择的文件类型有不同的可用选项。如图 8-129 所示为损坏文件恢复向导界面，左击"下一步"按钮将修复 Excel 文件。

图 8-128　Office 文件恢复

图 8-129　Office 文件修复向导界面

（5）如图 8-130 所示，FinalData 执行文件损坏率检查，可以查看到文件损坏的级别。超过 L2 则基本本软件无法恢复，若可恢复，左击"下一步"按钮继续。如图 8-131 所示为指定恢复文件的保存位置，请注意不要与被恢复的磁盘分区相同，而后左击"开始恢复"执行操作，完成后，左击"完成"。

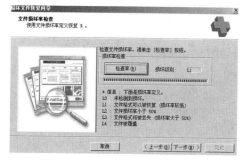

图 8-130　损坏率检查界面

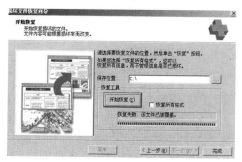

图 8-131　修复文件保存界面

8.4.5　任务拓展

易我数据恢复向导的使用如下所示。

（1）下载易我数据恢复向导软件后，执行安装程序，注意不要将其安装在有文件需要恢复的磁盘分区中，以免造成文件永久丢失；软件运行界面如图 8-132 所示，本任务中的软件未注册，用户可根据需要，使用合法的途径注册软件。数据为该软件提供了删除恢复、格式化恢复、高级恢复三个选项，本任务选择"删除恢复"后如图 8-133 所示，根据实际需要选择要恢复数据的分区，如本任务中选择 D 盘，而后左击"下一步"继续。

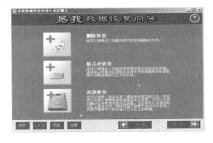

图 8-132　易我数据恢复向导

图 8-133　磁盘分区选择

（2）经过一段时间扫描，结果如图 8-134 所示，磁盘分区的文件目录列表于界面左侧，其中有红斜线的图标代表已删除的目录或文件。请选中已删除的待恢复文件，左击"下一步"继续；如图 8-135 所示，指定恢复文件的存放位置，同样不能选择被恢复的磁盘分区。

图 8-134　扫描结果

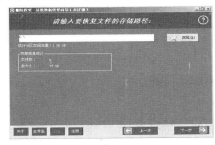

图 8-135　文件存放位置

（3）如果在程序主界面选择"格式化恢复"菜单，如图 8-136 所示，请注意选择磁盘的分区格式；而后系统搜索文件，如图 8-137 所示，完成后显示搜索结果，指定保存文件位置。

图 8-136　存储分区选择

图 8-137　搜索文件

8.5 任务 5 备份系统分区

8.5.1 任务描述

好朋友甄晓丽家里买了一台新计算机,她用来上网、游戏、看在线视频。由于朋友对计算机不熟悉,在使用的时候经常会误操作或误删除,难免造成系统缓慢、蓝屏、死机。你只好每次去给她重新安装操作系统,次数多了,就浪费了不少时间。那有没有更好的方法呢?

8.5.2 任务分析

实际上,作为整个磁盘或者单个磁盘分区的备份恢复软件很早就出现了。其中最著名的就是赛门铁克公司的 Ghost 软件。利用这个软件,可以把磁盘或者分区压缩成一个文件,以后系统崩溃了,直接用备份文件恢复就好,省去了漫长的系统安装、驱动安装和软件安装的时间。

Ghost 软件分为两个版本,Ghost(在 DOS 下面运行)和 Ghost32(在 Windows 下面运行),两者具有统一的界面,可以实现相同的功能,用户可以使用 DOS 版或在 WinPE 环境中运行 Windows 版,本任务学习 WinPE 环境下的 Ghost32 版。

8.5.3 知识必备

1. Ghost 简介

Ghost(是 General Hardware Oriented Software Transfer 的缩写,译为"面向通用型硬件系统传送器")软件是美国赛门铁克公司推出的一款出色的硬盘备份还原工具,可以实现 FAT16、FAT32、NTFS、OS2 等多种硬盘分区格式的分区及硬盘的备份还原,俗称克隆软件。Ghost 的备份还原是以硬盘的扇区为单位进行的,也就是说可以将一个硬盘上的物理信息完整复制,而不仅仅是数据的简单复制;Ghost 支持将分区或硬盘直接备份到一个扩展名为.gho 的文件里(赛门铁克公司把这种文件称为镜像文件),也支持直接镜像到另一个分区或硬盘里。

新版本的 Ghost 软件包括 DOS 版本和 Windows 版本,DOS 版本只能在 DOS 环境中运行,Windows 版本只能在 Windows 环境中运行。由于 DOS 的特性,在 DOS 环境中备份 Windows 操作系统,不依赖 Windows 操作系统,备份和恢复稳定高效,但如果使用微软提供的 WinPE 工具盘也可在 Windows 下实现快速且稳定的数据备份和恢复。

2. WinPE 简介

Windows Preinstallation Environment(Windows PE)直接从字面上翻译就是"Windows 预安装环境"。微软在 2002 年 7 月 22 日发布,它的原文解释是:"Windows 预安装环境(Windows PE)是带有限服务的最小 Win32 子系统,基于以保护模式运行的 Windows XP Professional 内核。它包括运行 Windows 安装程序及脚本、连接网络共享、自动化基本过程以及执行硬件验证所需的最小功能。"换句话说,你可把 Windows PE 看作是一个只拥有最少核心服务的 Mini 操作系统。微软推出这么一个操作系统当然是因为它拥有与众不同的系统功能。

Windows PE 允许创建和格式化硬盘分区,允许访问 NTFS 文件系统分区和内部网络的权限。这个预安装环境支持所有能用 Windows 2000 和 Windows XP 驱动的大容量存储设备,你可以很容易地为新设备添加驱动程序。支持 FAT、FAT32、NTFS 系统分区的文件 COPY、删除以及分区格式化等操作。

使用 Windows PE 可以帮助你把现有基于 MS－DOS 的工具转换为 32 位的 Windows APIs,以便你在标准的开发环境中更加容易地维护这些应用程序。Windows PE 所包含的硬件诊断和其他预安装工具都支持标准的 Windows XP 驱动,你无须做任何其他特别的工作。对于程序开发者来讲,就可以把主要精力放在程序的诊断、调试和开发的环节上。

自定义过的 Windows PE 可以放在其他的一些可启动媒介上,如 CD-ROM 光盘、DVD (ISO 格式化过的)光盘、启动 U 盘以及远程安装服务器(RIS)。

8.5.4　任务实施

（1）通过启动工具光盘或 U 盘引导计算机系统,选择进入 WinPE 启动 Ghost32 程序,此处参照项目 6 任务 3 任务实施(1)～(3)步骤执行。本任务对此不再赘述。Ghost 运行后,如图 8-138 所示,左击"OK"按钮继续;如图 8-139 所示,左击执行"Local"|"Partition"|"To Image"菜单加载备份程序。

图 8-138　Ghost 启动界面

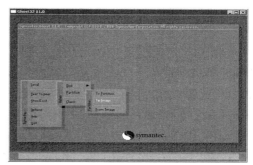

图 8-139　Ghost 菜单选择

（2）如图 8-140 所示,选择源磁盘也就是将要进行备份的磁盘,本任务中选择"1",而后左击"OK"按钮继续;如图 8-141 所示,选择源分区也就是将要进行备份的分区,本任务中选择"1"即系统分区,而后左击"OK"按钮继续。

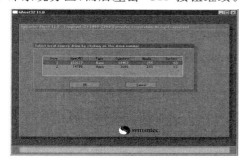

图 8-140　源磁盘选择

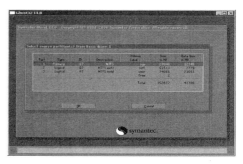

图 8-141　源分区选择

（3）如图 8-142 所示，指定备份文件的名字和存储位置，请保证镜像文件所在分区剩余空间足够大，否则 Ghost 会提示错误，无法备份；本任务中指定文件名为 win7，存储位置为 E 盘根目录，而后左击"Save"按钮继续；如图 8-143 所示，指定压缩方式，默认为 Fast 压缩率一般，High 压缩率高，但是备份速度比较慢，No 选项不压缩，建议选择 Fast，左击"Fast"按钮执行备份。

图 8-142　备份位置选择

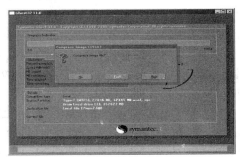
图 8-143　压缩选择

8.5.5　任务拓展

Ghost 不仅可以实现分区的备份，还可以实现磁盘到分区，磁盘到磁盘的备份，但应注意目标磁盘有足够空间可以容纳源磁盘上的数据，一定要注意区分源磁盘和目标磁盘，如果克隆错误会造成数据不可恢复的损坏。硬盘到硬盘的克隆步骤如下所示。

（1）通过启动工具光盘或 U 盘引导计算机系统，选择进入 WinPE 启动 Ghost32 程序，此处参照项目 6 任务 3 任务实施（1）～（3）步骤执行。本任务对此不再赘述。Ghost 运行后，左击"OK"按钮继续；如图 8-144 所示，左击执行"Local"|"Disk"|"To Disk"菜单加载备份程序。如图 8-145 所示，选择源磁盘，也就是将要进行备份的磁盘，本任务选择"1"，第 1 块磁盘，而后左击"OK"继续。

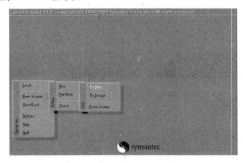
图 8-144　磁盘备份菜单选择

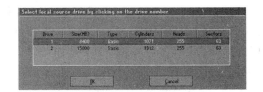
图 8-145　源磁盘选择

（2）如图 8-146 所示，选择目标磁盘，本任务中计算机安装了两块磁盘，一块 8 400 MB，一块 15 000 MB；选择"2"，第 2 块磁盘，而后左击"OK"继续；如图 8-147 所示，包括磁盘分区的详细信息，可以通过这些信息来确认目标磁盘有无选择错误。而后左击"OK"按钮继续。

图 8-146　目标磁盘选择

图 8-147　目标磁盘细节

（3）如图 8-148 所示为警告界面，提示目标磁盘数据将被完全覆盖，左击"OK"按钮执行磁盘到磁盘的数据备份，当然如果目标磁盘容量小于源磁盘，软件将弹出错误提示，如图 8-149 所示界面显示目标磁盘空间不足以容纳源磁盘数据。

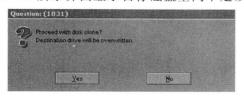

图 8-148　备份位置选择

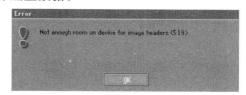

图 8-149　压缩选择

8.6　项目实训　安全防护综合利用

8.6.1　项目描述

计算机的安全防护不仅仅只是安装某个软件就可以解决的。要做好防护，最好的方法就是合理结合各种不同软件的功能和设置。文中对常见的杀毒软件、网络防火墙、Windows 用户权限、安全策略都做了讲解。当然建议读者更要亲自体验文中没有讲解的软件。

8.6.2　项目要求

（1）使用互联网搜索，了解所需软件的具体信息，并访问其官方网站。
（2）使用互联网搜索，了解不同软件对 CPU 和内存的占用情况。
（3）安装试用不同的软件，了解其使用要点并体验使用感受。
（4）对软件进行配置和简单测试。

8.6.3　项目提示

本项目实训涉及的内容多，软件选择的类型多，但作为一个现代计算机销售和维护人员必须能熟练准确地根据客户千差万别的要求安装并合理设置计算机安全防护软件，必须做到举一反三，在使用几款防护软件后，应该可以对常见的大多数网络安全防护软件进行安装和设置。

8.6.4　项目实施

本项目在网络机房进行,项目时间为 45 分钟。项目实施采用 3 人一组的方式进行,每个组内的任务自主分配,加强学生知识和技能的职业能力培养,同时,通过团队合作加强学生的通用能力培养,从而提高学生的整体职业素养。

8.6.5　项目评价

表 8-3　项目实训评价表

	内容	评价		
	知识和技能目标	3	2	1
职业能力	了解常用的杀毒软件			
	了解常用的防火墙软件			
	熟练安装常见杀毒软件			
	熟练安装常见防火墙软件			
	熟练使用杀毒和防护墙软件			
通用能力	语言表达能力			
	组织合作能力			
	解决问题能力			
	自主学习能力			
	创新思维能力			
综合评价				

项目 9 　 计算机故障诊断

任何计算机或多或少都会碰到电脑故障,如何有效且正确地排除故障使之恢复正常工作十分重要。其实大部分的计算机故障都是软件故障或硬件故障,只需要熟悉电脑部件的基本情况,熟悉所使用的操作系统和应用软件,遵循一定的原则和思路,不断积累和总结经验,便能正确地判断出电脑故障的原因。

现在计算机进入了超大规模集成电路时代。计算机硬件维修的概念已经从单纯的硬件元器件的维修逐步过渡到硬件维修与软件检测、诊断相结合的形式上。绝大部分的时候都是采取更换与替代的方法。

【知识目标】

（1）了解计算机系统故障出现的原因。

（2）了解常见的计算机故障。

【技能目标】

（1）掌握计算机故障诊断的原则。

（2）掌握计算机故障诊断的步骤和方法。

（3）掌握常见计算机故障排除。

9.1 　 任务 1 　 计算机故障诊断的步骤和方法

9.1.1 　 任务描述

郑丽丽今天打电话来,她姑妈家的计算机出现故障已经不能启动了。据说这台计算机已经买了 4 年了,以前一直使用正常,就是前几天老是死机,后来就不能开机了。她姑妈很着急,到底是怎么回事呢？

9.1.2 　 任务分析

计算机故障,可以分为软件故障和硬件故障两大类。硬故障指电脑硬件系统使用不当或者物理损坏所造成的故障。大多造成计算机不能启动或者喇叭报警。软故障指计算机能启动,但是提示出错信息不能进入系统,或者进入系统而软件无法运行。电脑的软、硬故障并没有明确的界限,所以,在分析排除故障时要全面。

9.1.3 知识必备

1. 计算机故障产生的原因

计算机系统故障的原因很多,一般可分为电源性故障(如电压不稳、电源干扰),温度故障(CPU、主板、显卡、硬盘温度过高或者过低),硬件损坏(电容漏液、MOS 管击穿)。

(1) 正常的使用故障:由于机械的正常磨损造成,常见为风扇、光驱、硬盘、键盘、鼠标等有机械部件的设备。而电子器件也有一定的寿命范围,常见于主板、显示器的显像管。如果计算机出现这样的故障,应该及时更换损坏部件。

(2) 硬件故障:引起硬件故障的有主板、显卡和其他带有电子元件的部件。一般因为元件脱焊、断路、短路、击穿等原因造成。这种故障除了更换部件以外,熟练的电子维修员也可以修复部件。

(3) 电源的影响:电源是计算机的运行根本。如果电压不正常,极易对计算机的部件造成损害,包括击穿集成电路、造成硬盘坏道。

(4) 温度造成的故障:计算机部件在设计时都考虑到了应用环境的温度。但是由于现在 CPU、显卡等设备动辄功率在 $40\sim100$ W 之间,如果没有良好的散热条件,容易造成计算机的死机现象,严重的会造成计算机电子器件的损坏,最常见的就是电容爆浆。

(5) 静电造成的故障:计算机在运行时会产生一定的感应电,这就是为什么有些机箱用手摸会发生轻微电击的原因。虽然这些静电对人体没有过大的危害,但是足以击穿普通的集成电路芯片。常见的故障有 I/O 芯片损坏、内存芯片损坏等。计算机一定要做好电源接地。

(6) 软件系统的损坏:一般由病毒、木马、人为误操作造成。软件损坏会造成硬盘数据丢失、系统不能启动、死机等现象。计算机应该做好软件系统的防护工作。

初学者往往对计算机五花八门的故障感到无从下手。其实,在维修计算机前,只需对计算机进行全面体检,按照一定的步骤查处故障原因所在,常见的故障并不难排除。因此在学习维修前,一定要熟悉电脑的启动顺序。

2. 计算机的启动加载顺序

(1) 启动电源,此时电源会向主板发出一个 power good 信号,如果信号正常,主板启动。

(2) CPU 复位,寄存器全部清零。

(3) 载入 BIOS 程序,如果内存不正常,喇叭报警。

(4) 检查显示卡,屏幕上出现显卡信息。

(5) 检查主板上的其他设备,显示设备信息,如 CPU、内存、硬盘、光驱等。如果有错误,BIOS 程序停止继续执行,屏幕上显示错误提示。

(6) 读取硬盘分区信息,如果错误,屏幕给出提示。

(7) 载入操作系统引导程序,如果正常的话,可以看到操作系统启动界面。

9.1.4 任务实施

1. 计算机故障诊断的步骤

(1) 注意倾听电脑运行时的声音,如果不正常,马上关机检查。

（2）如果喇叭报警，注意其鸣叫次数和长短音。

（3）观察显示器上的提示信息，如果没有显示（黑屏）则考虑是否主机未启动、显卡不正常、显示器不显示、电源线和数据线未接好。

（4）观察载入操作系统的提示，如果无法加载操作系统，应为硬盘或者操作系统故障。

（5）观察进入操作系统后的情况，如果死机可能是板卡/内存不稳定、驱动程序不兼容、软件不兼容、硬盘存在故障。

（6）拆开机箱，观察是否有接触不良器件或明显损坏电子元件，也可以闻闻有没有焦烟气味。如果有可能，将怀疑的器件替换测试。

2. 计算机故障诊断的基本方法

（1）观察法：观察，是维修判断过程中第一要法，它贯穿于整个维修过程中。观察不仅要认真，而且要全面。要观察的内容包括周围的环境、硬件环境（包括接插头、座和槽等）、软件环境（用户操作的习惯、过程）。重点观察板卡的电子元件有没有明显的损坏、系统有没有焦烟气味、开关和按键有没有卡死、风扇有没有停转、手测板卡散热器有没有温度过高等。

（2）最小系统法：最小系统是指，从维修判断的角度能使电脑开机或运行的最基本的硬件和软件环境。最小系统有硬件最小系统和软件最小系统两种形式。硬件最小系统：由电源、主板和 CPU 组成。在这个系统中，没有任何信号线的连接，只有电源到主板的电源连接。判断过程中是通过声音来判断这一核心组成部分是否能够正常工作。软件最小系统：由电源、主板、CPU、内存、显示卡/显示器、键盘和硬盘组成。这个最小系统主要用来判断系统是否可完成正常的启动与运行。最小系统法，主要是要先判断在最基本的软、硬件环境中，系统是否可以正常工作。如果不能正常工作，即可判定最基本的软、硬件部件有故障，从而起到故障隔离的作用。

（3）逐步添加/去除法：逐步添加法，以最小系统为基础，每次只向系统添加一个部件/设备或软件，来检查故障现象是否消失或发生变化，以此来判断并定位故障部位。

（4）隔离法：是将可能妨碍故障判断的硬件或软件屏蔽起来的一种判断方法。它也可用来将怀疑相互冲突的硬件、软件隔离开以判断故障是否发生变化的一种方法。

上面提到的软硬件屏蔽，对于软件来说，即是停止其运行，或者是卸载；对于硬件来说，是在设备管理器中，禁用、卸载其驱动，或干脆将硬件从系统中去除。

（5）替换法：替换法是用好的部件去代替可能有故障的部件，以判断故障现象是否消失的一种维修方法。好的部件可以是同型号的，也可能是不同型号的。替换的顺序一般为：根据故障的现象或故障类别，来考虑需要进行替换的部件或设备；按先简单后复杂的顺序进行替换。如先内存、CPU，后主板，又如要判断打印故障时，可先考虑打印驱动是否有问题，再考虑打印电缆是否有故障，最后考虑打印机或并口是否有故障等；最先考查、怀疑与有故障的部件相连接的连接线、信号线等，之后是替换怀疑有故障的部件，再后是替换供电部件，最后是与之相关的其他部件。从部件的故障率高低来考虑最先替换的部件。故障率高的部件先进行替换。

9.1.5　任务拓展

电脑使用时间长后，灰尘等污物会在机身内、外部积淀，这些因素都危害到电脑。所以，在平时或者每过一段时间都要对电脑进行清洁是非常有必要的。准备好工具，并详细了解维护操作时的注意事项后就可以开始给电脑做清洁了。

1. 工具准备

电脑维护不需要很复杂的工具，一般的除尘维护只需要准备十字螺丝刀、平口螺丝刀、油漆刷（或者油画笔，普通毛笔容易脱毛不宜使用）就可以了。如果要清洗软驱、光驱内部，还需要准备镜头拭纸、电吹风、无水酒精、脱脂棉球、钟表起子、镊子、皮老虎、回形针、钟表油（或缝纫机油）、黄油。

2. 注意事项

（1）打开机箱之前先要确认电脑的各个配件的质保期，在质保期内的品牌机建议不要自己打开机箱进行清洁，因为这样就意味着失去了保修的权利，在质保期内的品牌机可以拿到维修点请专业人员进行内部除尘。

（2）动手时一定要轻拿轻放，因为电脑各部件都属于精密仪器，如果失手掉到地上那就一命呜呼了。

（3）拆卸时注意各插接线的方位，如硬盘线、软驱线、电源线等，以便正确还原。

（4）用螺丝固定各部件时，应首先对准部件的位置，然后再上紧螺丝。尤其是主板，略有位置偏差就可能导致插卡接触不良；主板安装不平将可能会导致内存条、适配卡接触不良甚至造成短路，天长日久甚至可能会发生变形导致故障。

（5）由于计算机板卡上的集成电路器件多采用 MOS 技术制造，这种半导体器件对静电高压相当敏感。当带静电的人或物触及这些器件后，就会产生静电释放，而释放的静电高压将损坏这些器件。电脑维护时要特别注意静电防护。

3. 外部设备清洁

（1）显示器的清洁

显示器的清洁分为外壳和显示屏两个部分。

① 外壳变黑变黄的主要原因是灰尘和室内烟尘的污染。可以利用专门的清洁剂。

② 用软毛刷来清理散热孔缝隙处的灰尘。顺着缝隙的方向轻轻扫动，并辅助使用吹气皮囊吹掉这些灰尘。

③ 而对于显示屏的清洁就略微麻烦，由于显示屏现在都带有保护涂层，所以在清洁时不能使用任何溶剂型清洁剂，可以采用眼镜布或镜头纸擦拭。擦拭方向应顺着一个方向进行，并多次更换擦拭布面，防止已经沾有污垢的布面再次划伤涂层。

（2）键盘及鼠标的清洁

① 将键盘倒置，拍击键盘，将引起键盘卡键的碎屑拍出键盘。

② 用棉签清洁键盘缝隙内污垢。

③ 同样，鼠标使用的时间长后，也会出现不听指挥的情况。这时就需要对其进行除尘处理。一般来说，机械鼠标只需要清理"身体"里的滚动球和滚动轴即可。

④ 将鼠标底的螺丝拧下来，打开鼠标。

⑤ 利用清洁剂清除鼠标滚动球和滚动轴上的污垢，然后将鼠标装好即可。

由于光电鼠标多采用密封设计，所以灰尘和污垢不会进入内部。平时在使用鼠标时，最好使用鼠标垫，这样会防止灰尘和污垢进入鼠标。

4. 机箱外壳的清洁

由于机箱通常都是放在电脑桌下面，机箱外壳上很容易附着灰尘和污垢。大家可以先用干布将浮尘清除掉，然后用沾了清洗剂的布蘸水将一些顽渍擦掉，然后用毛刷轻轻刷掉机箱后部各种接口表层的灰尘即可。

5. 主机内部清洁

由于机箱并不是密封的,所以一段时间后机箱内部就会积聚很多灰尘,这样对电脑硬件的运行非常不利,过多的灰尘非常容易引起电脑故障,甚至造成烧毁硬件的严重后果,所以对主机内部的除尘非常重要,而且需要定期执行,一般三个月除尘一次为宜。

(1) 拆卸主机,拆卸前,一定要关机,然后放掉身上的静电或者戴上防静电手套后才能进行如下操作。

① 拔下机箱后侧的所有外设连线,用螺丝刀拧下机箱后侧的几颗螺丝,取下机箱盖。

② 将主机卧放,使主板向下,用螺丝刀拧下条形窗口上沿固定插卡的螺丝,然后用双手捏紧接口卡的上边缘,竖直向上拔下接口卡。

③ 接着将硬盘、光驱和软驱的电源插头沿水平方向向外拔出,数据线的拔出方式与拔电源线相同,然后用十字螺丝刀拧下驱动器支架两侧固定驱动器的螺丝,取下驱动器。

④ 拧下机箱后与电源的四个螺丝,取下电源。

⑤ 拔下插在主板上的各种接线插头。在拆卸电源的双排 20 针插头时,要注意插头上有一个小塑料卡,捏住它然后向上直拉即可拔下电源插头。

⑥ 稍微用点力,将内存插槽两头的塑胶夹脚向外扳动,使内存条能够跳出,取下内存条。

⑦ 在拆卸 CPU 散热器时,需先按下远端的弹片,并让弹片脱离 CPU 插座的卡槽取出 CPU 散热器。

⑧ 拧下主板与机箱固定的螺丝,将主板从机箱中取出。

(2) 完成拆卸后,接下来就是对它们进行除尘处理,还它们原来的面貌。

① 清洁主板,用毛刷先将主板表面的灰尘清理干净。然后用油画笔清洁各种插槽、驱动器接口插头。再用皮老虎或者电吹风吹尽灰尘。

提示:如果插槽内金属接脚有油污,可用脱脂棉球沾电脑专用清洁剂或无水乙醇去除。

② 清洁内存条和适配卡,可先用刷子轻轻清扫各种适配卡和内存条表面的积尘,然后用皮老虎吹干净。用橡皮擦擦拭各种插卡的金手指正面与反面,清除掉上面的灰尘、油污或氧化层。

③ 清洁 CPU 散热风扇,可先用小十字螺丝刀拧开风扇上面的固定螺丝,拿下散热风扇。然后用较小的毛刷轻拭风扇的叶片及边缘,并用吹气球将灰尘吹干净。最后用刷子或湿布擦拭散热片上的积尘。

提示:有些散热风扇是和 CPU 连为一体的,没办法分离风扇与散热片,只能用刷子刷去风扇叶片和轴承中的积尘,再用皮老虎将余下的灰尘吹干净。

④ 清洁电源,可先用螺丝刀将电源上的螺丝拧开,取下电源外壳,将电源部分的电路板拆下,使电路板和电源外壳分离,然后使用皮老虎和毛刷进行清洁即可。最后将电源背后的四个螺丝拧下,把风扇从电源外壳上拆卸下来,用毛刷将其刷洗干净。

提示:如果电源还在保质期内,建议用小笔刷将电源外表与风扇的叶片上的灰尘清除干净即可。因为没有过质保期的电源,随意拆卸会失去质保。

⑤ 清洁光驱,将回形针展开插入应急弹出孔,稍稍用力将光驱托盘打开,用镜头试纸将所及之处轻轻擦拭干净。如果光驱的读盘能力下降,可以将光驱拆开,用脱脂棉或镜头纸轻轻擦拭除去激光头表面的灰尘,最后装好光驱即可。

(3) 完成所有的清洁工作后,接下来的就是将这些部件还原即可。

9.2 任务2 计算机故障诊断修复案例

9.2.1 任务描述

朋友程方宇是公司的计算机管理员,现希望向你学习常见计算机故障的诊断修复,以便于在公司日常工作中能够自主解决常见计算机故障。

9.2.2 任务分析

计算机故障表面看起来纷繁复杂,但是如果将其仔细归类并能熟练识别,并能够对各类常见计算机故障的表现有所了解,解决常见的计算机故障诊断修复不是遥不可及的事情,本任务就常见的计算机故障诊断修复进行归类学习。

9.2.3 知识必备

常见故障类型举例如下所示。

(1)加电类故障

可能的故障现象为:主机不能加电(如电源风扇不转或转一下即停等)、有时不能加电、开机掉闸、机箱金属部分带电等;开机无显,开机报警;自检报错或死机、自检过程中所显示的配置与实际不符等;反复重启;不能进入 BIOS、刷新 BIOS 后死机或报错;CMOS 掉电、时钟不准;机器噪音大、自动(定时)开机、电源设备问题等其他故障。

可能涉及的部件:市电环境;电源、主板、CPU、内存、显示卡、其他可能的板卡;BIOS 中的设置(可通过放电恢复到出厂状态);开关及开关线、复位按钮及复位线本身的故障。

判断要点/顺序:检查市电电压是否正常;检查电脑连线、开关是否正常;检查计算机有无金属异物造成短路;主板电池电压能否达到 3.3 V;CPU 风扇是否转动;电源风扇是否转动。可以利用 POST 诊断卡检测系统,看主板有没有运行。

(2)启动与关闭类故障

可能的故障现象:启动过程中死机、报错、黑屏、反复重启等;启动过程中报某个文件错误;启动过程中,总是执行一些不应该的操作(如总是磁盘扫描、启动一个不正常的应用程序等);只能以安全模式或命令行模式启动;登录时失败、报错或死机;关闭操作系统时死机或报错。

可能涉及的部件:BIOS 设置、启动文件、设备驱动程序、操作系统/应用程序配置文件;电源、磁盘及磁盘驱动器、主板、信号线、CPU、内存、可能的其他板卡。

判断要点/顺序:驱动器跳线、数据线连接是否正常;板卡接触是否良好;CPU 是否过热;板卡电子器件有无损伤;CMOS 设置是否正确;磁盘分区是否正常;磁盘有无坏道。

(3)磁盘类故障

可能的故障现象:硬盘有异常声响,噪音较大;BIOS 中不能正确地识别硬盘、硬盘指示灯常亮或不亮、硬盘干扰其他驱动器的工作等;不能分区或格式化、硬盘容量不正确、硬盘有坏道、数据损失等;逻辑驱动器盘符丢失或被更改、访问硬盘时报错;硬盘数据的保护故障;第三方软件造成硬盘故障;硬盘保护卡引起的故障;光驱噪音较大、光驱划盘、光驱托盘不能弹出或关闭、光驱读盘能力差等;光驱盘符丢失或被更改、系统检测不到光驱等;访问光驱时死机或报错等;光盘介质造成光驱不能正常工作。

可能涉及的部件:硬盘、光驱、软驱及其设置,主板上的磁盘接口、电源、信号线。

判断要点/顺序:检查硬盘连接、跳线、数据线、电源线是否正常;硬盘电路板有无损坏;硬盘声音、温度是否正常;BIOS 对硬盘参数识别是否正常;软件检测硬盘磁道是否损坏、分区是否损坏、系统文件是否丢失;硬盘是否安装了系统还原软件。

（4）显示类故障

可能的故障现象:开机无显、显示器有时或经常不能加电;显示偏色、抖动或滚动、显示发虚、花屏等;在某种应用或配置下花屏、发暗（甚至黑屏）、重影、死机等;屏幕参数不能设置或修改;亮度或对比度不可调或可调范围小、屏幕大小或位置不能调节或范围较小;休眠唤醒后显示异常;显示器异味或有声音。

可能涉及的部件:显示器、显示卡及其设置;主板、内存、电源,及其他相关部件。特别要注意计算机周边其他设备及电磁对计算机的干扰。

判断要点/顺序:显示器电源线、信号线是否正常;显示器是否供电;更换显卡后是否正常;刷新率是否符合显示器要求;显示器参数调节是否正常;显示卡驱动是否正常。

（5）安装类故障

可能的故障现象:安装操作系统时,在进行文件复制过程中死机或报错;在进行系统配置时死机或报错;安装应用软件时报错、重启、死机等（包括复制和配置过程）;硬件设备安装后系统异常（如黑屏、不启动等）;应用软件卸载后安装不上,或卸载不了等。

可能涉及的部件:磁盘驱动器、主板、CPU、内存及其他可能的硬件、软件。

判断要点/顺序:检查与主机连接的其他设备工作是否正常;设备间的连接线是否接错或漏接,连接插头、插座的接针是否有变形、缺失、短路等现象;CPU 风扇的转速是否过慢或不稳定;驱动器工作时是否有不正常的声响;软件检测内存是否稳定;BIOS 是否打开防写保护;光驱是否读文件正常;磁盘是否受还原软件保护。

（6）端口与外设故障

可能的故障现象:键盘工作不正常、功能键不起作用;鼠标工作不正常;不能打印或在某种操作系统下不能打印;外部设备工作不正常;串口通信错误（如传输数据报错、丢数据、串口设备识别不到等）;使用 USB 设备不正常（如 USB 硬盘带不动,不能接多个 USB 设备等）。

可能涉及的部件:装有相应端口的部件（如主板）、电源、连接电缆、BIOS 中的设置。

判断要点/顺序:设备数据电缆接口是否与主机连接良好,针脚是否有弯曲、缺失、短接等现象;BIOS 是否开启端口并分配合理的终端号;USB 端口供电是否足够;更换外设是否正常。

（7）局域网类故障

可能的故障现象:网卡不工作,指示灯状态不正确;网络连不通或只有几台机器不能上网、能 ping 通但不能联网、网络传输速度慢;数据传输错误、网络应用出错或死机等;网络工作正常,但某一应用程序下不能使用网络;只能看见自己或个别计算机;无盘工作站不能上网或启动报错;网络设备安装异常;网络时通时不通。

可能涉及的部件：网卡、交换机（包括 HUB、路由器等）、网线、主板、硬盘、电源等相关部件。

判断要点/顺序：测线仪检查网线是否正常；水晶头有无氧化；交换机是否正常；更换网卡后是否正常；IP 地址是否正确；工作组是否正确。

（8）Internet 类故障

可能的故障现象：不能拨号、无拨号音、拨号有杂音、上网掉线；上网速度慢、个别网页不能浏览；上网时死机、蓝屏报错等；能收邮件但不能发邮件；网络设备安装异常；与调制解调器相连的其他通信设备损坏，或反之。

可能涉及的部件：调制解调器、电话机、电话线、局端。类同于"局域网类故障"。

判断要点/顺序：电话线是否正常；调制解调器是否供电正常；拨号设置是否正常；DNS 是否设置正常；host 文件是否正常；驱动程序是否正常。

（9）误操作和应用类故障

此类故障主要由用户非正常使用计算机、非正常优化计算机、随意删除文件等导致。不熟悉计算机使用和维护的用户，应该减少对计算机的优化操作，防止关闭计算机程序或服务带来的应用故障。

9.2.4 任务实施

1. 加电故障案例

案例一

问题描述：双子恒星 6C/766 的机器，主板是精英 P6SEP-MEV2.2D，当内存不插在 DIMM1 时，开机无显示，但机器不报警。

解决方案：经测试，当 DIMM1 上不插内存时，即使 DIMM2、DIMM3 都插上内存，开机也是无显。当 DIMM1 插上内存时，不管 DIMM2、DIMM3 上是否插有内存，开机正常。查询早期的周报得知，此问题是由于此机型集成的显卡使用的显存是共享物理内存的，而显存所要求的物理内存是要从插在 DIMM1 上内存中取得，当 DIMM1 上没有插内存时，集成显卡无法从物理内存中取得显存，故用户开机时无显。

案例二

问题描述：用户使用启天 P41.6 G/128 M/40 G 计算机，开机无显示，用户现在咨询如何解决。

解决方案：检查用户的环境，发现用户机随机附带两块显卡——主板集成一个显卡，另外还有一块单独的 TNT2M6432M 显卡，有些客户在刚刚购买电脑时由于对电脑不太熟悉，将显示器信号线接到了主板集成的显卡接头上，这样会导致开机无显，但是此时主机工作正常。

2. 启动/关闭故障案例

案例一

问题描述：客户计算机安装 Windows XP 系统，每次启动均蓝屏，报 MEMORY ERROR。

解决方案：到达客户处，故障复现，向客户了解情况，客户反映发生故障前曾经安装过一根内存条，之后发生此类故障。由于系统显示内存错误，考虑到 Windows XP 对硬件要求较高，而且故障是在加装内存后出现，基本可以断定机器的原配硬件和软件系统没有问题。拆除新添加的内存，再次重新启动计算机，开机时按下 F8 键，选择进入"安全模式"，此次计算机能够正常启动,并且登录正常。在进行了一次正常登录后,重新启动到标准模式,计算机启动正常,至此,故障排除。

案例二

问题描述:客户机器被运行一段恶意程序,导致每次启动后均出现一个对话框,且该对话框无法关闭,只能强制结束。客户机器有重要程序,不愿意重新安装操作系统。

解决方案:首先怀疑是否是病毒,运行常用杀毒软件均不能查杀。在"开始"—"运行"中输入"MSCONFIG",但是在"启动"组中仍然不能找到该程序。运行"SCANREG",将注册表恢复到最老的版本,故障依旧。最后只好手工编辑注册表,运行"REGEDIT",在 HKEY_LO-CAL_MACHINE\Software\Microsoft\Windows\CurrentVersion\RUN 下,找到对应的程序文件名,删除对应的键值后,重新启动,故障排除(注:建议在更改注册表前,使用注册表编辑器的"导出"功能进行注册表备份)。

3. 磁盘故障案例

案例一

问题描述:小王是一家公司的计算机维护人员,办公用机为联想的奔月 2000 机型,13 GB硬盘,由于电脑中系统和数据长时间未进行维护,系统启动和运行都比较慢,将 C 盘上的重要数据复制到 D 盘,之后运行联想的系统恢复软件,将隐藏分区里的 Windows 98SE 系统复制到 C 盘上。10 分钟不到恢复完毕,再次重新启动,正常进入 Windows 98 系统。但是进入系统后,发现原来用 PM 划分的扩展分区不见了,大量的数据资料都在扩展分区中,如何是好?

解决方案:首先查看联想机器随机资料,说明书上写着"可能对 PM 等的分区格式不支持,分区时请用 Fdisk……",可能是进行系统恢复时破坏了原来的硬盘分区表,有没有什么办法解决呢? 开机进入 MSDos 或者进入 PM,除了一个主分区和一个扩展分区没有其他的分区信息,这时想到软件 Diskman,进入 MSDos,运行 Diskman,首先警告说分区表有误,Diskman 虽然仍然把硬盘识别成两个分区,但它还有重新检测分区表的功能。重新检测分区表有全自动和交互两种方式,选择后者,Diskman 就开始逐柱面检测硬盘上原已存在的分区表。过了很长的时间,原有的三个分区包括联想系统恢复软件隐藏的备份分区都被检测了出来,保持分区格式,一切正常。

点评:用户应用中或是在用户对硬盘分区时断电都会导致硬盘分区表的错误,遇到此种问题时不要着急,要分析问题的原因,查看相关的资料,如相关软件和计算机附带的资料,借助相关的软件或工具解决,若是对硬盘的工作原理、相关软件或工具的应用不是很了解,一定要查找相关资料或是向人询问。

案例二

问题描述:一用户光驱过保,用户自行购买光驱,据用户称在市场上购买光驱时进行测试,光驱没有任何问题,测试的数据盘和 VCD 等光盘都可以正常读出,但是回到家加装光驱后,开机进入系统,所有放入光驱中的碟片在驱动器的盘符上都只显示 CD 的标记。用户回到购买处将光驱安装到测试机器上,问题复现。

解决方案:经过检查发现,光驱的数据接口上一根数据线弯,导致驱动器中数据无法正常识别。

4. 显示类故障案例

案例一

问题描述:故障为经常性的开机无显,有时能显示进入系统,但使用 1~2 小时会出现死机,重启又无显示,只有过很长时间再开机,才可以显示。

解决方案:碰到此问题,首先断定应为硬件问题。打开机箱,查看各板卡并无松动(注:显卡与主板插槽上的联想贴条,粘得很紧),换件试吧,先后更换过内存、CPU、电源,均不能解决问题,再换主板,拆撕显卡与主板插槽的联想贴条时,感觉到显卡没插到位,向下按,还能再进去一点,遂怀疑是不是显卡与主板接触不良所致,于是又把机器的原部件全都还原,试机,一切正常。

后记:此案例就是因为显卡的接触不良而造成的奇怪故障,在维修中因为检测时的疏漏(只查看显卡是否插紧,而未实际动手检查一下),造成了维修过程的烦琐。

案例二

问题描述:一台品牌机,用户称每次启动都无法进入 Windows 2000,光标停留在屏幕左上角闪动,死机,但安全模式可以进入。

解决方案:怀疑为显卡或监视器设置不当所致,进入安全模式把显示分辨率设为 640×480,颜色设为 16 色,重启,能以正常模式进入,但只要改动一下分辨率或颜色,则机器就不能正常启动;察看机器内部,除用户自加一块网卡外,别无其他配置,难道是网卡与显卡发生了冲突? 拔掉网卡,能正常启动 Windows 2000,给网卡换个插槽,开机检测到新硬件,加载完驱动,启动,一切正常。

后记:由于显卡与其他部件不兼容或冲突造成的死机,完全可以先采用最小系统法来测试(最小系统法即只保留主板、CPU、显卡、电源等主要部件),先排除主要的部件,再逐一检测其他扩展卡。

案例三

问题描述:反恐精英,在 865PE 主板的机器上运行,在进入游戏画面时,必然会导致死机。

解决方案:由于使用 2D 软件如 Photoshop 并不死机,进入 3D 游戏死机,怀疑显卡驱动程序版本与该程序不兼容。解决方法就是从网上下载新版本的驱动,进行升级。

后记:如果在实际维修中遇到玩 3D 游戏死机的故障,估计可能是显卡故障,而又无备件替换时(这在我们上门维修中,是经常遇到的),不妨从网上下载一个 Directcontrol 软件,通过它屏蔽掉 AGP 支持。再玩 3D 游戏,如不出现死机,说明问题很可能出在别处(如主板、内存)。如死机,则在很大程度上说明,这块显卡是有故障的了。

案例四

故障描述:一台兼容机,CRT 显示器,原来使用正常,后来显示器黑屏,但是主机键盘有反应。

解决方案:主机键盘有反应,证明主机已经启动。实地检查,发现在进入系统前显示器显示正常,怀疑是设置显示器刷新率超标造成显示器不显示。进入安全模式,删除显示器和显卡驱动后重启进入正常模式安装驱动,故障解除。该显示器在 1 024×768 分辨率下只能使用 85 Hz 刷新率,而用户将其设置为 120 Hz,故显示器不显示。

5. 安装类故障案例

案例一

问题描述:一用户保修组装机,在安装操作系统过程中报错,无法正常安装。

解决方案:工程师上门后,经过检测,确实存在用户反应的问题。然后尝试将安装文件复制到硬盘上安装并换一张安装盘安装,故障依旧。接着检查 BIOS 发现,系统日期是 2075 年。将日期改回后,故障排除。问题虽小,影响却大。

案例二

问题描述：宏碁品牌机机器，一次突然死机，不能启动，重装系统能成功，但在设备管理里有很多问号，如打印口、COM 口等都没有驱动。

解决方案：在维修站内又重装系统，主板驱动不能解决问题，准备更换主板。打开机箱，发现有很多灰尘，取出主板，进行大扫除，抱着试一试的心里，重装一切 OK。该用户家中灰尘过多，加上几天阴雨，造成主板 I/O 控制芯片的针脚之间出现微弱电势差，幸好还没有烧毁芯片。

案例三

问题描述：一用户方正计算机，P43.0G。他是单位技术员，说此机不能重装系统，每次重装都死机，要求上门维修。

解决方案：到达用户处，发现重装到检测硬件时无反应，打开机器进行检查时，发现 CPU 风扇转速很慢。依次替代硬盘与内存没有用，手测风扇散热片的温度很高，怀疑还是 CPU 风扇有问题，换新风扇后解决问题。P4 系列是 Intel 出产的功耗最高的 CPU，对散热系统要求较高，引起故障原因正是客户的 CPU 风扇转速不够，引起温度过高死机。

6．端口与外设故障案例

案例一

问题描述：一台式组装兼容机，865PE 主板、P42.4CPU，USB 接口不能使用，连接任何设备都不正常，重装系统也无效。

解决方案：在设备管理器中检查 USB 端口，发现状态都正常，说明主板 BIOS 已经开启了 USB 控制器。由于用户重装系统无效，就对系统里的软件进行检查，没有发现有特殊 USB 控制软件，而插入设备也能检测到，但数据传输出错。于是换了几个 USB 设备，突然在插拔时有明显的静电感，怀疑是机箱前置 USB 接口带静电，于是把主板上前置 USB 线拔下，果然主板集成的 USB 接口就正常了。

后记：机箱静电会对主板南桥和主板上的 I/O 芯片造成致命的打击，而 Intel 在 P4 系列的主板上没有集成南桥的熔断保险，所以很多主板南桥被毁。本例幸运没有造成主板南桥击穿，建议用户一定做好机箱防静电工作。

案例二

问题描述：用户使用同方品牌机，在进入系统后不时出现屏幕不停刷新现象，该现象时有时无，特别在打字时最严重。

解决方案：检查用户计算机的软件，没有发现特殊控制软件，于是重启动计算机，突然发现 CMOS 提示键盘错误。关机拔下键盘再插上，顺利进入系统，做了部分软件操作，没有发现故障出现。于是让用户重复出现故障的操作，用户打开浏览器浏览网页，做了一个 F5 键的操作后，浏览器就不停重复打开该网页。原来是 F5 键卡住了，所以才不停刷新，将 F5 键撬下，故障不再出现。

7．局域网类故障案例

案例一

问题描述：网卡不工作，指示灯状态不正确。

解决方案：首先观察系统设备管理器中有没有网卡这个设备，若没有则更换网卡或重新插拔网卡测试，并看金手指部分有没有锈迹，若有，则用橡皮擦干净测试。

案例二

问题描述：局域网内，只有几台机器能联网，大部分不能互访。网卡灯亮，HUB 灯闪。

解决方案：见到这种情况，要从软硬两个方面来分析。

软件方面，使用最新版本的 KV3000 进行了查、杀病毒工作，没有发现任何病毒，从而排除了病毒干扰的可能性。网络方面，安装了 NetBEUI、IPX/SPX 和 TCP/IP 协议，网卡的驱动也正确安装，在设备管理中没有发现任何冲突，并进行了协议绑定。设置了文件、打印机共享，也设定了工作组名称和计算机名称。应该说从网络协议到共享资源设置等均没有问题，可以排除软件方面的错误。

从硬件方面分析，大致有四种可能：其一是网线断路，无法形成信号回路；其二是网线的线序不正确；其三是在集线器与计算机间连接用的网线过长，超过 100 米；其四集线器端口有问题。针对这四种可能性，逐个进行排除。使用测线工具或万用表测量网线，发现网线连接状况很好，没有断路。通过目测，连接用的网线长度不可能超过 100 米。将几台网络已连通的计算机接在集线器上的插口换到怀疑损坏的集线器端口上，这几台计算机仍然互通，说明集线器端口没有损坏。

通过对网线线序的检查，发现用户的制作的线序是 1、2、3、4，问题就出在这儿，因为 RJ45 插头正确的连接应该是使用 1、2、3、6，其中 1、2 是一对线，3、6 是一对线，其余四根线没有定义。查出了问题，只需为用户重新做网线头，插入后网络正常。

案例三

问题描述：电脑在"网上邻居"中只能看到自己，而看不到其他电脑，从而无法使用其他电脑上的共享资源和共享打印机。

解决方案：使用 ping 命令，ping 本地的 IP 地址或主机名，检查网卡和 IP 网络协议是否安装完好。如果能 ping 通，说明该电脑的网卡和网络协议设置都没有问题。问题出在电脑与网络的连接上。因此，应当检查网线和 Hub 及 Hub 的接口状态，如果无法 ping 通，只能说明 TCP/IP 协议有问题。重新设置网络协议，对于 10 台以下的机器且不上 Internet 的机器可考虑用 NetBEUI 协议，若上 Internet 则用 TCP/IP 协议。不管用哪种协议，必须保证网内的机器使用的协议一样。

8. Internet 类故障案例

案例一

问题描述：一客户机器采用 Windows XP 作系统，在拨号上网时发现网页无法打开，但右下角确实有链接的图标，发现无网络流量，但多拨几次后问题解决，此问题复现无规律。

解决方案：机器可以正常拨号说明机器的 ADSL 硬件和驱动没有问题，但仔细观察后发现网络流量接收数据很少，使用 ipconfig /all 查看 IP 地址，都是正常的。仔细检查用户的电话线设置，发现在 ADSL 前接了一个分机，重新接线将分机转移到 ADSL 的分机接口上，网速恢复。

案例二

问题描述：用户在单位是用笔记本式计算机的网卡上网，在家中使用 PPPoE 拨号上网，但是现在在单位没法上网。

解决方案：查看网卡的 IP 地址、DNS、网关都正常，网上邻居也能看到其他计算机，但是 IE 浏览器不正常。检查 IE 设置，发现将 PPPoE 拨号作为默认连接，将其删除后 IE 上网正常。

9. 误操作和应用类故障

案例一

问题描述：一用户使用 Windows XP 系统,后来进入系统后不显示桌面图标,也调不出任务管理器。用户有重要软件不让重装系统。

解决方案：拿到计算机后,发现系统只有开始菜单可以使用。推断计算机有病毒,将硬盘装到其他计算机检查,没有任何问题。询问用户,说是装了系统优化软件进行系统优化,优化完系统服务项目后重启变成这样。于是打开管理工具中的服务选项,发现大部分服务都没有启动。试着依次启动服务后,故障解除。

后记：对计算机优化不熟悉的用户,尽量使用默认的优化,不要自行优化不了解的选项。

9.2.5　任务拓展

1. POST 诊断卡的 LEB 含意

开机,12v,3.3v,5v,-12v 的电压灯亮代表电源输出电压正常。时钟灯亮代表主板时钟信号正常,RUN 灯亮代表主板运行。RESET 灯在按下复位键时才应该亮。不同的 POST 卡数字显示不同,请查阅其说明书。

2. BIOS 常见的错误提示

（1）Bad CMOS Battery

原因：主机内的 CMOS 电池电力不足。

解决方法：更换 CMOS 电池。

（2）Cache Controller Error

原因：Cache Memory 控制器损坏。

（3）Cache Memory Error

原因：Cache Memory 运行错误。

（4）CMOS Checks UM Error

原因：CMOS RAM 存储器出错,请重新执行 CMOS SETUP。

解决方法：检查是存储器的内部出了问题还是其他原因,如果存储不了 CMOS 的设置,则看 CMOS 跳线有没有设置错误,解决方法包括把跳线还原或者更换电池。

（5）Diskette Drive Controller Error

原因：一是软盘驱动器未与电源连接,这时需要接好软驱的电源连接线;二是软盘驱动器的信号线与 I/O 卡之间的连接不正确;三是软盘驱动器损坏;四是多功能卡损坏;五是 CMOS 里软驱参数设置错。

（6）BIOS ROM checksum error - System halted

原因：BIOS 校验错误-系统停机。这说明电脑主板的 BIOS 芯片中的代码在校验时发现了错误,或者说 BIOS 芯片本身或其中的内容损坏了。

解决方法：需要改写你的 BIOS 内容,或者更换一块新的 BIOS 芯片。

（7）Display switch is set incorrectly

原因：主板上显示开关的设置情况与实际上使用的显示器类型不匹配。

解决方法：有些电脑的主板上设置有显示开关,可以选择使用单色或彩色的显示器。此时,请首先确认显示器的类型,然后关闭系统,设置好相应的显示跳线。主板上如果没有显示开关,那么我们应该进入系统 CMOS 设置来更改显示类型。

(8) Press ESC to skip memory test

原因:按 ESC 键可以跳过内存的检测。

解决方法:机器在每次冷启动时,都要检测内存;此时,如果我们不希望系统检测内存,就可以按 Esc 键跳过这一步。

(9) Floppy disk(s) fail

原因:软驱出错。

解决方法:电脑启动时,如果软驱控制器或者软驱没有被找到或者不能被正确地初始化,那么,系统就会出现这样的提示。此时请先检查一下软驱控制器的安装是否良好,如果软驱控制器是集成在主板上,那么我们还要检查 CMOS 中有关软驱控制器的选项是否处于"Enabled"的状态。如果机器上没安装软驱的话,请检查在 CMOS 设置中软驱项是否被设置成"None"。

(10) HARD DISK INSTALL FAILURE

通常原因:硬盘安装不成功。电脑启动时,如果硬盘控制器或硬盘本身没有找到或不能正确地进行初始化,电脑就会给出上述的提示。

解决方法:请确定硬盘控制器是否进行正确安装或者在 CMOS 中有关硬盘控制器的选项是否为"Enabled"。如果在电脑中没有安装硬盘,请确认在系统设置中硬盘类型为"None"或者"Auto"。

(11) Keyboard error or no keyboard present

通常原因:键盘错误或没安装键盘。电脑启动时,如果系统不能初始化键盘,就会给出这样的信息。

解决方法:请检查键盘和电脑的连接是否正确,电脑启动时是否有键按下。如果想特意将电脑设置成不带键盘工作,那么,我们可以在 CMOS 中将"Halt On"选项设置为"Halt On All, But Keyboard",这样,电脑启动时就会忽略有关键盘的错误。

(12) Keyboard is locked out - Unlock the key

通常原因:这条消息一般出现在电脑启动时,有一个或多个键被按住的情况下。

解决方法:请检查是否有东西放在键盘的上面。

(13) Memory test fail

通常原因:内存测试失败。电脑启动时,如果在内存测试的步骤里检测到了错误,那么将会给出上面的消息,表示内存在自检时遇到了错误。

解决方法:可能需要更换内存。

(14) Override enabled - Defaults loaded

通常原因:如果在当前的 CMOS 配置情况下,电脑不能正常启动,那么电脑的 BIOS 将自动地调用默认的 CMOS 设置来进行工作。

解决方法:系统默认的 CMOS 设置是一套工作起来最稳定,但是工作表现最保守的 CMOS 配置参数。

(15) Primary master hard disk fail

通常原因:第一个 IDE 接口上的主硬盘出错。

解决方法:电脑启动时,如果检测到机器的第一个 IDE 硬盘接口上的主硬盘出错,就会给出上面的提示。此时解决方法:检查磁盘和数据/电源连接线缆,检查硬盘的跳线。

3. 引导操作系统时错误提示

BIOS 自检完成,将系统引导的工作交给操作系统,此时如果系统遭遇某种错误,也同样会影响系统的正常启动。常见的错误信息如下所示。

（1）Cache Memory Bad，Do not enable Cache！

通常原因：BIOS 发现主板上的高速缓冲内存已损坏。

解决方法：请用户联系厂商或销售商解决。

（2）Memorx paritx error detected

通常原因：Memorx paritx error detected 即存储器奇偶校验错误，说明存储器系统存在故障。

解决方法：先查看系统中是否混用了不同类型的内存条，如带奇偶校验和不带奇偶校验的内存条，如有这种情况，请只用一种内存条试试；在 BIOS 设置中的 Advanced BIOS Features（高级 BIOS 特征）选项中，将"Quick Power On Self Test"（快速上电自检）设置项设置为禁止（Disabled），系统启动时将对系统内存逐位进行三次测试，可以初步判断系统内存是否存在问题；如果还是无法解决故障，请在 BIOS 设置中的 Advanced Chipset Features（高级芯片组特征）选项中将内存（SDRAM）的相关选项速度设置得慢一点，这种方法可以排除内存速度跟不上系统总线速度的故障；CPU 内部 Cache 性能不良也会导致此类故障，可在 Advanced BIOS Features（高级 BIOS 特征）选项中，关闭与 Cache 相关的选项，如果是由于 Cache 导致的故障，请为 CPU 作好散热工作，如果不行，只好将 CPU 降频使用。

（3）Error：Unable to ControlA20 Line

通常原因：内存条与主板插槽接触不良、内存控制器出现故障的表现。

解决方法：仔细检查内存条是否与插槽保持良好接触或更换内存条。

（4）Memory Allocation Error

通常原因：这是因为 Config.sys 文件中没有使用 Himem.sys、Emm386.exe 等内存管理文件或者设置不当引起的，使得系统仅能使用 640 KB 基本内存，运行程序稍大便出现"Out of Memory"（内存不足）的提示，无法操作。

解决方法：这些现象均属软故障，编写好系统配置文件 Config.sys 后重新启动系统即可。

（5）C：drive failure run setup utility press（f1）to resume

通常原因：硬盘参数设置不正确所引起的。

解决方法：可以用软盘引导硬盘，但要重新设置硬盘参数。

9.3　项目实训　计算机故障维护实操

9.3.1　项目描述

用户对购买的新机都颇为小心在意，但时隔几年，面对充满灰尘的机箱、污秽不堪的键盘，就失去了昔日的感觉。养成良好的使用习惯，不但可以延长计算机的使用寿命，还可以在使用计算机时有一个良好的工作环境，提高工作效率。此外，作为计算机组装和维修的专业人员，还要了解计算机维护的重要性和维护常识，而且要掌握常见的死机情况和一般计算机故障的处理。计算机的故障种类很多，在处理故障时，需要判断是软件故障还是硬件故障，还应对主机及外设的维修逐步建立起正确的维修思路和良好的操作习惯。

熟能生巧、见多识广,经常动手实践,是能独立解决计算机故障的根本,只有对各种配置的计算机了如指掌,才能快速而有效地确定故障原因。本实训主要针对各种不同 CPU 计算机的组装实践。

9.3.2 项目要求

(1) 使用互联网搜索,了解当前主流计算机的硬件配置,熟悉计算机硬件的要求。
(2) 使用互联网搜索,了解不同的故障案例,并对其进行记录。
(3) 试着自己组装一台主流配置计算机,注意其线缆连接和板卡安装。
(4) 对计算机进行软件检测,包括 CPU、内存、硬盘分区、显卡。

9.3.3 项目提示

本项目实训涉及计算机的多种硬件以及常见计算机故障案例,作为一个现代计算机销售和维护人员必须能熟练掌握各种计算机硬件的特点、工作环境和检测方法,必须做到举一反三,在理解计算机各硬件的基础上,真正熟练掌握常见计算机故障的诊断和修复方法。

9.3.4 项目实施

本项目在网络机房进行,项目时间为 60 分钟。项目实施采用 3 人一组的方式进行,每个组内的任务自主分配,加强学生知识和技能的职业能力培养,同时,通过团队合作加强学生的通用能力培养,从而提高学生的整体职业素养。

9.3.5 项目评价

表 9-1　项目实训评价表

	内容	评价		
	知识和技能目标	3	2	1
职业能力	了解常见计算机故障			
	了解计算机故障检测工具			
	掌握计算机故障检修思路			
	掌握计算机故障检测方法			
	掌握计算机故障检测工具			
通用能力	语言表达能力			
	组织合作能力			
	解决问题能力			
	自主学习能力			
	创新思维能力			
综合评价				

参 考 文 献

[1]　宋强,倪宝童,等.计算机组装与维护标准教程[M].北京:清华大学出版社,2013.

[2]　王建设.计算机组装与维护实用教程[M].北京:清华大学出版社,2012.

[3]　钟章生.计算机组装与维护基础与实践教程[M].北京:清华大学出版社,2011.

[4]　侯贻波.计算机组装与维护实训教程[M].北京:电子工业出版社,2013.

[5]　王学屯.图解计算机组装与维护[M].北京:电子工业出版社,2013.

[6]　张宁.计算机组装与维护实训教程[M].北京:电子工业出版社,2013.

[7]　江兆银、王刚等.计算机组装与维护[M].北京:人民邮电出版社,2013.

[8]　郭江峰.计算机组装与维护实践教程[M].北京:人民邮电出版社,2013.

[9]　袁云华、仲伟杨,等.计算机组装与维护[M].北京:人民邮电出版社,2013.

[10]　葛勇平.计算机组装与维修项目教程[M].北京:机械工业出版社,2013.